总有一些痛楚，让我们瞬间长大

ZONG YOU
YIXI ETONGCHU,
RANG WOMEN SHUNJIAN
ZHANGDA

孙郡锴 ◎ 编著

中国华侨出版社

图书在版编目（CIP）数据

总有一些痛楚，让我们瞬间长大／孙郡锴编著．—北京：中国华侨出版社，2015.12
　　ISBN 978-7-5113-5857-8

Ⅰ．①总… Ⅱ．①孙… Ⅲ．①人生哲学－通俗读物 Ⅳ．①B821-49

中国版本图书馆CIP数据核字（2015）第314001号

● 总有一些痛楚，让我们瞬间长大

编　　著	孙郡锴
责任编辑	文　喆
封面设计	纸衣裳書裝·孙希前
经　　销	新华书店
开　　本	710毫米×1000毫米　1/16　印张/16　字数/200千字
印　　刷	北京一鑫印务有限责任公司
版　　次	2016年2月第1版　2019年8月第2次印刷
书　　号	ISBN 978-7-5113-5857-8
定　　价	32.00元

中国华侨出版社　北京朝阳区静安里26号通成达大厦3层　邮编100028
法律顾问：陈鹰律师事务所
编辑部：（010）64443056　64443979
发行部：（010）64443051　传真：64439708
网　址：www.oveaschin.com
e-mail：oveaschin@sina.com

前言
preface

每个人总有一些痛楚，这里面的酸甜苦辣，是那么艰辛，但也那么难忘。

每一个生命的成长，都带着触目惊心的伤。我们需要成长，经历着成长，也体味着成长带给我们的一切东西，包括痛楚，但，我们不可以逃避。生命的堕落，就是因为不懂成长和责任，所以轻易地说放弃，懦弱地低下头。如果我们都不能对自己的人生负责，又谈何对他人负责呢？

这是一本细腻的、带着小小感伤，又能在温情与感伤中翻出生活哲理的书。正如这本书所告诉读者的那样，所有的疲倦、孤独、失落以及感情所赐予我们的一次次的痛楚，都是为了让我们拥有更好的生活，当我们能够有所领悟，我们就会在某一瞬间突然成熟，突然长大。关键是看你愿不愿意思考。

痛苦中的思考非常重要。有人说，未来是过去的重复，虽然有点悲观，但也有些道理。往往，在痛楚过后的反思阶段，我们的智商和情商都会比较高，这个时候最利于总结自我。当然，反思也是痛苦的，因为我们要在反思中淋漓尽致地剖析自己的不足和错误，不能有丝毫的原谅和迁就。但我们也不能讳疾忌医，要懂得，反思更多的还是收获。当我们能够清醒地认识到自己的不足，在生活中认清方向、看清障碍以后，我们将会把悲喜看成平淡，把生活过得从容，不因喜则放肆轻狂，不因悲而垂头丧气，若是一切的一切，都能持一颗从容的心去对待，不悲戚，接纳一切，那么自然也宽心。

每一次，都在徘徊孤单中坚强，每一次，就算很受伤也不闪泪光……老天，有时会用最不讲道理、最残酷决绝的方式，促使我们成长。在生命的道路上，有时会毫无预兆地掉下来一块砖头，把我们砸得头破血流，我们又痛又愤。但是，如果能捡起这块砖头仔细看看，我们就会发现，这砖头并不是普通的砖头，而是开启我们人生成功大门的敲门砖！

没有谁的人生永远只是黑白两色，我们期盼着七彩人生，经历着，必然有所收获！翻开这本书，一个一个的故事，会让人陶醉，也会让人惊醒。

目 录
contents

1. 不要等到他们已然老去,你才不再吝啬你的孝心

万善之门以孝为基 / 2

母亲就是你的"观世音" / 3

即使面临死亡,他们依然会为你倾尽所有 / 4

父母之爱,早已超越生命的极限 / 6

在你遭遇危险时,父母之爱是最英勇无畏的 / 8

你可知道,人世间最不能等的是什么 / 11

如果你已经长大,就不要再给父母增添麻烦 / 12

别总抱怨父母唠叨,那是因为他们太爱你 / 14

请感谢父母的最后通牒 / 16

不要让虚荣伤害父母 / 17

婆媳之间,能体谅的多体谅 / 19

孝心就在生活的一点一滴中体现 / 20

一时的孝心,一世的习惯 / 21

2. 生命中的悲剧，往往是喜剧的伏笔

生活，在于你如何活 / 24

草木不经风霜，则生意不固 / 25

每一个生命的成熟，都带着触目惊心的伤痕 / 26

鱼王的儿子 / 27

任何不幸都可能成为我们的有利因素 / 28

苦难是经过伪装的幸福 / 29

经由冷水的冲刷，梦想会更加明朗 / 31

刀枪剑戟不过是对你的意志的磨炼与考验 / 32

你生活的灰暗，源于你心中的阴霾 / 34

今天你的卑微，正是你明天努力的动力 / 36

无论生活怎样，你的价值不会改变 / 38

有人折磨你，未必是一件坏事 / 39

所谓悲惨，只是你给了自己伤害自己的理由 / 41

每一道伤口，在你醒悟后，都会变成拥有 / 42

换个方向看世界，就会发现生活的美好 / 44

从失败中走出来的人，才有资格享受成功 / 46

战胜苦难，它就会变成你的美丽项链 / 47

破罐子也不是用来破摔的 / 49

你的缺点，同样可以是你的优点 / 50

经得苦难，方得新生 / 51

每一次犯下错误，都要让自己有所领悟 / 52

☆ 目录 Contents

3. 每个人长大前都要过一段没人帮忙的日子，所有的事情都得自己撑

让别人帮你破茧，你永远成不了蝶 / 56

人不自助，天不佑护 / 57

你完全可以自食其力 / 58

要飞翔，必须依靠自己的力量 / 59

你的未来，还是需要你自己去努力 / 60

跳出精神的枯井 / 62

告别痛苦的手只能由自己来挥动 / 63

再多的苦，只能自己来扛 / 64

让别人替你做决定，受害的终究是你自己 / 67

你的一生只能由自己负责，而且是负全责 / 69

不放弃，就有希望 / 71

战胜自己 / 72

给你胜利的，是你自己的理想、信念和毅力 / 73

什么才是最靠得住的东西 / 75

你才是自己的救世主 / 76

活在别人的同情与赐予里，是对自尊的彻底放弃 / 79

当你发现自己的那一天，就是你遇到圣人的时候 / 81

4. 困住我们的并不是门槛

你想要的成功到底有多难 / 84

一个健全的心态比一百种智慧更有力量 / 85

换一种观念才会进步 / 86

人的意识具有操纵人类命运的巨大能力 / 88

最伟大的成就在最初的时候也只是一个想法 / 89

如果你只追求最好的，你经常能得到最好的 / 92

我们之所以懦弱，是因为我们把困难看得太清楚了 / 93

要诚实看待自己，但不要因此看轻自己 / 94

每个人都有惊人的潜力，就看你是否愿意唤醒它 / 96

许多不可能都只是存在于人们的假想之中 / 97

梦想越高，人生就越丰富 / 98

空想只会通向平庸，而绝不是成功 / 99

当你自己改变了，一切也就变了 / 102

你所走的每一步都决定着最后的结局 / 104

如果不给自己加担子，你根本不知道自己有多强 / 106

若想有所作为，必须学会不停突围 / 107

学会了面对困难，才算学会了生存 / 109

失败并不可怕，逃避才是最可怕的 / 110

只有不断突破，才能顶天立地 / 111

不是不能拥有，只是你以为自己不配拥有 / 113

好好算一算，胆小都让你丢失了什么 / 114

敢于承担额外责任的人，才能获得额外的机会 / 117

☆ 目录 Contents

5. 再长的路，一步步也能走完，再短的路，不迈开双脚也无法到达

生活不是用来妥协的 / 120

每个人都有一个好运降临的时候不能领受 / 122

不要怕推销自己，只要你认为自己有才华 / 123

勇敢去争取，好运等着你 / 124

无论做什么事，先要为自己争来机会 / 126

顾虑重重，是聪明反被聪明误 / 128

犹豫不决，是断了自己的路 / 129

最痛苦的不是失败的泪水，而是不尽力的懊悔 / 131

先行一步，再行一步，也就到了 / 132

坚持的过程虽然辛苦，但意义已经超越了事情本身 / 134

少一份对希望的坚持，就会错过生命中最美的花期 / 135

成功与失败的分水岭，就是能否把自己的梦想坚持到底 / 136

把别人泼向你的冷水，当作灌溉你梦想的露水 / 138

常常是最后一把钥匙打开了门 / 140

超人的意志可以创造超乎想象的奇迹 / 141

在等待中积聚力量，然后实现灿烂的绽放 / 142

已然挺过多少难，别差最后一点点 / 143

运气偶然促成成功，执着能使成功成为必然 / 145

永远，永远，不要放弃 / 147

6. 在爱别人的同时，也要学会爱自己

无论如何，你要把自己当回事 / 150

如果命运给了你残酷打击，你就抓住它的脉门绝地反击 / 151

打开不一样的窗，你会看到不一样的风景 / 152

世界不会抛弃谁，是我们在惶恐中抛弃了世界 / 153

只要你选择了阳光，心灵就会充满温暖 / 155

幸福不是靠别人施舍，而是要自己去赢取 别人的喜爱 / 156

跳出来看自己，你的灵魂就会做出勇敢的抉择 / 158

不管你的身上发生过什么，不要让自己因此颓唐 / 160

黑暗的角落里，画一扇窗给自己 / 162

爱你的心灵，别让它因为受苦而不再充满活力 / 163

掬一掌暖暖阳光，照亮一脸的忧伤 / 164

接纳并欣赏自己的不完美，因为它是你 独一无二的特征 / 165

人生最大的悲哀，是为了迎合别人埋葬了自己 / 166

把幸福当成一种习惯，生活才能呈现 一连串的欢宴 / 167

学会放松自己，别让压力毁了你 / 168

不为别人的拥有而失意，多为自己的拥有而开怀 / 169

如果事情控制不了，就选择去喜欢 / 171

不爱那么多，只爱八分 / 172

正视生命的一次性，对自己的生命给予 重视与尊严 / 173

对于一个聪明人来说，太阳每天都是新的 / 175

☆ 目录 Contents

7. 曾经我不幸福，不过是因为我没有放下

事事都放心上，人生不堪重负 / 178

负重前行，早晚寸步难行 / 179

如果心能放宽，痛会随之淡化 / 180

既然已经错过，就要学会舍得 / 181

这世上原本就没有什么是放不下的 / 182

感受不到幸福，是因为我们追求了错误的东西 / 184

在被虚荣挟持的时候，我们失去了什么 / 185

欲求不满，人生不能承受之重 / 187

得不到的东西，未必就不可缺少 / 189

外在的纠葛太多，心就没有办法安宁 / 190

其实你所纠结的事情，或许根本没人在意 / 192

我们过分紧张某一事物，往往就会事与愿违 / 193

放下心中的执念，才能做出正确的抉择 / 194

别为打翻的牛奶哭泣，因为我们的生活还得继续 / 196

不要一味追求享受，而忘记了真正的享受 / 197

那些难以割舍，时间长了就变成痛苦的执着 / 199

当坚持已经不能换来成功，放弃才是明智的选择 / 200

理想与现实，可以达成完美的契合 / 201

在有所选择之后，就不要再去后悔 / 202

即便失去所有，也不过是回到了生活的原点 / 204

简单一点，人生反而更踏实 / 205

将对人生的不满统统赶走，珍惜你所拥有的一切 / 206

不要一直盯着人生中的"黑点"不放 / 208

8. 如果爱，请深爱，若不爱，请离开

一段感情的逝去，或许正意味着一段幸福的开始 / 212

离开你，应该是他的损失 / 214

没有自由的爱情终究不会长久 / 216

如果给不了他幸福，放弃何尝不是一种爱 / 217

既然爱过，就不要彼此折磨 / 219

爱情里，重要的是颗心 / 221

真正的爱不是占有，而是让对方解脱 / 222

真正能够长久的爱，应该是两情相悦的 / 224

能够抓住爱的，决然不会是计谋 / 225

相爱的时候请珍惜，不要在失去以后才追悔莫及 / 227

爱，便是看似平凡的生活中所孕育出的一种伟大 / 229

若能像经营事业一样经营爱情，婚姻就不会变成一汪死水 / 230

不要辜负那个愿意陪你一起走回家的人 / 231

冲动之前，最好算一算你的离婚账单 / 235

真爱不需要太多伪装 / 238

放弃不必要的坚持 / 240

让婚姻充满韧性 / 241

给予对方说话的权利 / 243

1.
不要等到他们已然老去，你才不再吝啬你的孝心

"孝"是稍纵即逝的眷恋，"孝"是无法重现的幸福；"孝"是一失足成千古恨的往事，"孝"是生命与生命交接处的链条，一旦断裂，留下的就将是永远的伤痕。

万善之门以孝为基

天竺迦夷国里，有一对夫妇，志向清净，在山中修行，信乐空闲，只存一子，名叫"睒"。睒10岁时，老夫妇双双两目失明，幸好睒至孝仁慈，昼夜侍奉父母。以茅为屋，以草为蓐，不寒不热，常得安适。众果香甘，泉水清凉，饮食不虞缺乏。日日群鸟作音乐声，诸兽慈心相向，并无相扰乱的意图。睒于天寒地冻时，常穿鹿皮衣提瓶取水，麋鹿众鸟亦往饮水，不彼此为难。

有一天，国王入山射猎，见水边有一群鸟鹿，引弓而射，矢箭误中睒的胸部，他大叫一声，血流如注，命在旦夕。国王下马来到睒面前。睒说："象因牙而死，犀因角而亡，鸟因翠毛而被捕，麋鹿为皮肉而被杀。我今因何而死？"

国王大自悔责。睒又说："此非国王的过失，是我自己宿业所致。我不惜自己性命，但怜我父母，年既衰老，两眼又盲！无所依靠，也当有个善养善终。我之所以懊恼，并不是为中箭流血而痛。"国王再三向睒悔过，宁愿奉养睒的父母，嘱咐他不要过虑！

国王一面嘱人看守，一面去寻找睒的父母。他们听说睒中箭，两人昏倒于地。国王便向前扶着睒的父母，来到睒的身旁，见其已奄奄一息，父亲抱着他的脚，母亲抱着他的头，仰天大呼。母亲又用舌头舔舐他胸部的伤口，希望把毒吸入自己的口中而死，以身代子。睒渐渐复活过来。父母惊喜，国王也非常高兴。

大家都认为这是佛陀庇佑的奇迹。国王就发誓不再射猎，领导左右从者数百人，踊跃奉持五戒十善。国王还命令国中所有目盲的父母，全部由国库供给衣食，令子女应尽晨昏定省的孝道，违者重罚。于是全国人民，因眯死而复生的缘故，互相劝勉，孝道盛行。

孝敬父母是中华民族的传统美德。做人要饮水思源：生命从何而来？人生如何成就？能知恩报恩不忘本，才不会愧对父母的养育恩德。自古以来，古圣先贤以孝为宗，佛经以孝为戒，万善之门以孝为基。人人应礼敬供养尊亲如堂上活佛。

母亲就是你的"观世音"

有一位杀猪的屠夫对母亲忤逆不孝，常生气并恶口叱责母亲。但屠夫尽管不孝，对观世音菩萨的信仰倒还有几分虔诚。

一次，他到南海普陀山朝拜观世音菩萨。他听说，普陀山的梵音洞常常有菩萨现身，他四处找寻，却不见菩萨的踪影。

屠夫十分失望，心里想：为何无缘见到活观音呢？恰好路上走来一个老和尚，屠夫上前询问老和尚："我在梵音洞找寻菩萨的真身，从早到晚遍寻无踪，我怎样才能亲见菩萨？"

老和尚一听："你要见活观音吗？观音到你家里去了，你回家就能见到活观音。"

屠夫深信不疑，临别再问老和尚："要如何认得活观音的模样呢？"

老和尚说:"她的衣服是反穿的,鞋子也是倒过来穿的,你只要看到反穿衣、倒踏鞋的人,就是活观音。"屠夫听完老和尚一番指点,非常兴奋,一路赶着回家。

回到家已经三更半夜了,屠夫一心要看到活观音,焦急地敲门:"快来开门啦!"

母亲听到是儿子的声音,因为惧怕儿子的粗暴,急着起床开门。匆忙之间,将衣服穿反了,鞋子也踏错了。打开门时,儿子看到母亲的样子,不就是老和尚所说的活观音吗?

屠夫终于心有所悟,知道老和尚的用心,原来时时刻刻为儿女含辛茹苦、受尽人间艰苦的母亲就是活观音。

世间最伟大的爱就是母爱。这爱没有史诗的摄人心魄,也没有风卷大海的惊涛逆转,母爱就像一场春雨,润物无声,绵长悠远。它沉浸于万物,充盈于天地。有了母爱,人类才从洪荒苍凉走向文明繁盛;有了母爱.社会才从冷漠严峻走向祥和安康;有了母爱,也才有了生命的肇始,历史的延续,理性的萌动,人性的回归。

即使面临死亡,他们依然会为你倾尽所有

饥饿不堪的人们围了两个山头,要把这个范围的猴子赶尽杀绝,不为别的,就为了肚子,零星的野猪、麂子已经解决不了问题,饥肠辘辘的山民把目光转向了群体的猴子。两座山的树木几乎全被伐光,最终一千多人将这群猴子围困在一个不大的山包上。猴

1. 不要等到他们已然老去，你才不再吝啬你的孝心

子的四周没有了树木，被黑压压的人群层层包围，插翅难逃。双方在对峙，那是一场心理的较量。猴群不动声色地在有限的林子里躲藏着，人在四周安营扎寨，还时不时地敲击响器，大声呐喊，不给猴群以歇息机会。三日以后，猴群已经精疲力竭，准备冒死突围，人也做好了准备，开始收网进攻。于是，小小的林子里展开了激战，猴的老弱妇孺开始向中间靠拢，以求存活；人的老弱妇孺在外围呐喊，造出声势，青壮进行厮杀，彼此都拼出全部力气浴血奋战，说到底都是为了活命。战斗整整进行了一个白天，黄昏的时候，林子里渐渐平息下来，无数的死猴被收集在一起，各生产队按人头进行分配。

那天，有两个老猎人没有参加分配，他们俩为了追击一只母猴来到被砍伐后的秃山坡上。母猴怀里紧紧抱着自己的崽，匆忙地沿着荒凉的山岭逃窜。两个老猎人拿着猎枪穷追不舍，他们是有经验的猎人，知道抱着两个崽的母猴跑不了多远。于是他们分头包抄，和母猴绕圈子，消耗它的体力。母猴慌不择路，最终爬上了空地上一棵孤零零的小树。这棵树太小了，几乎禁不住猴子的重量，绝对是砍伐者的疏忽，他根本没把它看成一棵树。上了树的母猴再无路可逃，它绝望地望着追赶到跟前的猎人，更坚定地搂住了它的崽。

绝佳的角度，绝佳的时机，两个猎人同时举起了枪。正要扣扳机，他们看到母猴突然做了一个手势，两人一愣，分散了注意力，就在犹疑间，只见母猴将背上的、怀中的小崽儿，一同搂在胸前，喂它们吃奶。两个小东西大约是不饿，吃了几口便不吃了。这时，母猴将它们搁在更高的树杈上，自己上上下下摘了许多树叶，将奶水一滴滴挤在叶子上，搁在小猴能够够到的地方。做完了这些事，母猴缓缓地转过身，面对着猎人，用前爪捂住了眼睛——

母猴的意思很明确：现在可以开枪了……

母猴的背后映衬着落日的余晖，一片凄艳的晚霞和群山的剪影在暮色中摇曳，两只小猴天真无邪地在树梢上嬉戏，全不知危险近在眼前。

猎人的枪放下了，永远地放下了……

有一种爱是最无私的，有一种爱是最伟大的，有一种爱才是永恒的！这爱，刚开始起源于一个简单的字眼：父爱、母爱！这世界，或许只有父母会为你倾尽所有，即便已经时日无多，依然会把身上仅有的东西留给你。那么，如果连生你养你的人你都不爱，你问问你自己，你还会去爱谁？你会去对谁好？你对别人好全都是假的。

父母之爱，早已超越生命的极限

穿山甲被捕获以后，出于恐惧或是自卫的本能，总是把躯体紧紧蜷缩着，卷成一圈。一般购买程序是这样的：买主选定以后，卖方黑人便用力把穿山甲拉直，开膛破肚，取出内脏丢弃，将身躯清理干净，再用铁夹夹着放到火盆里烤灼，直到其身体上的鳞甲全部脱落。

那天货源颇丰，围栏里放满了许多卷成圈的大小不一的穿山甲。那些人便拣大的挑了几只，并声称要亲眼看着宰杀才放心。

一个小伙提起最肥的一只，动作娴熟地准备把它拉直，费了半天力，却怎么也无法把那蜷缩的躯体拉开。这下所有人大奇，那小伙十分尴尬，便一下又一下把那穿山甲往地面上摔去，边摔边解释说，穿山甲遇痛就会将躯体伸张开。不承想连摔几下，眼见它原本惊恐的小眼睛早已闭合，尖尖的嘴角挂出一缕鲜红的血丝，身体却始终未见张开，反而越蜷越紧。买主不忍卒睹，便摇手示意作罢。那小伙兀自不甘心，直接拿铁钳夹了放到火盆上灼烧。待到鳞甲脱尽，焦味弥漫，那穿山甲仍然保持原状。这下小伙黔驴技穷，对来人无奈地摇摇头，说这只穿山甲一定有了什么毛病，不可食用，随即顺手将其甩落在身后的沙土地上。接下来另选的两只宰杀工作都十分顺利，不到 5 分钟便完成了。

买主给小伙正在付钱，却十分意外地发现，原先那只被丢弃在地上的穿山甲竟慢慢地伸直了躯体，把眼睛睐开一条线，接着一阵抽搐，僵硬挺直，彻底没了气息。随着它躯体的伸展，人们震惊地看到，在它摊平的肚皮上，竟蠕动着一只粉嫩透明的小穿山甲，只有老鼠大小，身上的脐带仍与母体相连，小嘴慢慢张合，仿佛在无声地呼唤着母亲。这场景惊得所有人目瞪口呆。刹那间，买主只觉得热血翻涌，须发皆张，泪水翻滚在眼眶。

那只母穿山甲自身体重不超过十斤，却用血肉之躯历经摔打与灼烧，至死护卫着自己的孩子，被烤至半熟，竟还能保得孩子的周全。那份精神之力，早已超越了生命的极限。

父母之爱是如此深沉、伟大，甚至可以超越一切。父母的每一个姿势、每一个细节、每一个动作都倾注了对生命的爱。父母发自内心的爱是最具有力量的，只要世界上有了父母们温暖的爱普照人间，生命之火就会生生不息，母爱是永恒而伟大的。

在你遭遇危险时，父母之爱是最英勇无畏的

在一个大雪的冬夜，一个小男孩紧紧地拉着母亲的手，胆战心惊地往回走，在一个前不挨村后不挨店的鬼地方遇到了狼。

他们站在原地，紧盯着两匹狼一前一后慢慢地向自己靠近。那是两只饥饿的狼，确切地说是一只母狼和一只尚幼的狼崽，在月光的照映下能明显地看出它们的肚子如两片风干的猪皮紧紧贴在一起。母狼像一只硕大的狗，而狼崽却似小狗紧紧地跟随在母狼的身后。

母狼竖起了身上的毛，做出腾跃的姿势，随时准备着扑向他们，用那锋利的牙齿准备一口咬断他们的喉咙。狼崽也慢慢地从母狼身后走了上来，和它母亲站成一排，做出与母亲相同的姿势！

男孩的身体不由得颤抖起来，然而那位母亲的面部表情却是出奇地沉稳与镇定，她轻轻地将男孩的头朝外挪了挪，悄悄地伸出右手慢慢地从腋窝下抽出那把尺余长的砍刀。砍刀因常年磨砺而闪烁着慑人的寒光，在抽出的一刹那，柔美的月光突地聚集在上面，随刀的移动，光在冰冷地翻滚跳跃。

杀气顿时凝聚在了锋利的刀口之上。

也许是慑于砍刀逼人的寒光，两只狼迅速地朝后面退了几步，然后前腿趴下，身体弯成一个弓状。男孩紧张地咬住了自己的嘴唇，因为他听母亲说过，那是狼在进攻前的最后一个姿势。

母亲将刀高举在了空中，但右手在微微地颤抖着，颤抖的手使

得刀不停地摇晃，刺目的寒光一道道飞弹而出。这种正常的自卫姿态居然成了一种对狼的挑衅，一种战斗的召唤。

母狼终于长嗥一声，突地腾空而起，身子在空中划了一道长长的弧线向他们直扑而来。在这紧急关头，母亲本能地将男孩朝后一拨，同时一刀斜砍下去。没想到狡猾的母狼却是虚晃一招，它安全地落在离母亲两米远的地方。刀没能砍中它，它在落地的一瞬快速地朝后退了几米，又做出进攻的姿势。

就在母亲还未来得及重新挥刀的间隙，狼崽像得到了母亲的旨意紧跟着飞腾而出扑向母亲，母亲打了个趔趄，跌坐在地，狼崽正好压在了母亲的胸上。在狼崽张嘴咬向母亲脖子的一霎，只见母亲伸出左臂，死死地扼住了狼崽的头部。由于狼崽太小，力气不及母狼，它被扼住的头怎么也动弹不得，四只脚不停地在母亲的胸上狂抓乱舞，棉袄内的棉花一会儿便一团团地被抓了出来。

母亲一边同狼崽搏斗，一边重新举起了刀。她几乎还来不及向狼崽的脖子上抹去，最可怕的一幕又发生了。

就在母亲同狼崽搏斗的当儿，母狼避开母亲手上砍刀折射出的寒光，换了一个方向朝躲在母亲身后的男孩扑了过去。男孩惊恐地大叫一声倒在地上用双手抱住头紧紧地闭上了眼睛。这时，狼口已到了男孩的颈窝。

也就在这一刻，母亲忽然悲怆地大吼一声，将砍刀埋进了狼崽后颈的皮毛肉，刀割进皮肉的刺痛让狼崽也发出了一声渴望救援的哀号。

奇迹在这时发生了。

母狼喷着腥味的口猛地离开了男孩的颈窝。它没有对男孩下口。但仍压着他的双肩的母狼正侧着头用射着绿火的眼睛紧盯着母亲和小狼崽。母亲和狼崽也用一种绝望的眼神盯着自己的孩子和母狼。母亲手中的砍刀仍紧贴着狼崽的后颈，她没有用力割入，砍刀露出的部分，有一条像墨线一样的细细的东西缓缓地流动，那是狼崽的血！

母亲用愤怒、恐惧而又绝望的眼神直视着母狼，她紧咬着牙，不断地喘着粗气，那种无以表达的神情却似最有力的警告直逼母狼：母狼一旦出口伤害男孩，母亲会毫不犹豫地割下狼崽的头！

动物与人的母性的较量在无助的旷野中持续起来。

无论谁先动口或动手，迎来的都将是失子的惨烈代价。

相持足足持续了5分钟。

母狼伸长舌头，扭过头看了男孩一眼，然后轻轻地放开那只抓住男孩手臂的右爪，继而又将按在男孩胸上的那只左脚也抽了回去，先前还高耸着的狼毛慢慢地趴了下去，它站在男孩的面前，一边大口大口地喘气，一边用一种奇特的眼神望着母亲。

母亲的刀慢慢地从狼崽脖子上滑了下来，她就着臂力将狼崽使劲往远处一抛，"扑"的一声将它抛到了几米外的草丛里。母狼撒腿奔了过去，对着狼崽一边闻一边舔。母亲也急忙转身，将已吓得不能站立的孩子扶了起来，将他揽入怀中，她又将砍刀紧握在手，预防狼的再一次攻击。

母狼没有做第二次进攻，它和狼崽伫立在原地呆呆地看着他们，然后张大嘴巴朝天发出一声长嗥，像一只温顺的家犬带着狼崽很快消失在幽暗的丛林中。

在这场狼与人的对决中，唯一的胜者便是母爱。因为这种爱无论在何时何地都有超越自然界所有爱的力量。当事情涉及每一位父母所诞生的和他们所热爱的生命的时候，父母之爱永远是英勇无畏的，他们用那"庞大"的身躯保护着孩子弱小的生命，点燃了人类持续不灭的火种。我们最应该感谢我们的父母，只因父母之爱的纯洁、无私和伟大。

1. 不要等到他们已然老去，你才不再吝啬你的孝心

你可知道，人世间最不能等的是什么

有一次，孔子到齐国去，在途中听到有人哭的声音，而且那声音非常悲哀。于是，孔子对他的家仆说："这哭声悲哀是悲哀，但却不是丧亲的人的悲哀。"结果他们继续驱车上前，刚走了一段路，就看到一个和平常人不一样的人，只见那人抱着镰刀，戴着生绢（表示守孝），哭的样子却不甚悲哀。

孔子下车之后，追上去向他问道："您是什么人？"回答说："我是丘吾子。"孔子问："你现在不是在办丧事的地方，为什么还哭得这么悲伤呢？"丘吾子说："我失去了三样东西，自己发现的时候已经太晚了，现在后悔哪里还来得及啊。"

孔子说："您失去的三样东西，可以告诉我吗？希望您能告诉我，不要隐瞒。"

丘吾子说："我年轻的时候很爱学习，周游天下，后来，失去了我的双亲，这是我的第一失；之后，我又长期辅佐齐君，但是他骄傲奢侈，失去了很多人才，我作为臣子的气节没有实现，这是我的第二失；我平时很少有至交好友，有一些朋友现在都分离，甚至是断绝了联络，这是我的第三失。树想要停下来，但是风却不停；儿子想服侍父母的时候，可是父母却已经去世了。不再回来的是时间，不能够再见的是双亲，请让我现在和您告别，就去投水而死吧。"于是丘吾子便投水自尽了。

孔子后来说："大家一定要记住此事，这足以作为戒律。"从那以后，孔子的弟子中辞学回家服侍父母的人越来越多。

有句话叫"子欲养而亲不待"，不知道它道出了多少人的心声，人一旦离去，就不可能再回来，你的遗憾不能用来生补偿，所以请在父母有生之年献上你最真挚的孝心，不要到失去之时再追悔莫及，不要总以为来日方长，总以为机会常有。却不想，人生如白驹过隙，稍纵即逝，亲情也是永远无法完全回报的，还有，生命本身隐藏着不堪一击的脆弱。一个"孝"字，上为老，下为子，是上一代与下一代，这就注定了父母只能陪子女一段路，一段不长不远的路。倘若总是忙于功名利禄，忙于权势尊位，而忽略了父母，遗忘了亲人，也就真的"子欲养而亲不待"了。上天只赐予了我们一次缘分，如果我们能在有限的时间里，在珍贵的日子里，与父母好好相处，嘘寒问暖，也就不会有太多遗憾和痛苦。

如果你已经长大，就不要再给父母增添麻烦

很久以前，有一棵非常大的苹果树。而有一个小男孩每天都喜欢在苹果树下玩耍。他有的时候爬树，吃苹果，有的时候在树荫下小睡……这个孩子是那么地爱这棵树，而树也爱和他玩。时间过得很快，小男孩慢慢长大了，他不再每天来树下玩耍了。

有一天，男孩再一次来到树下，注视着树。树说："来和我玩吧。"男孩回答道："我不再是小孩子了，我再也不会在树下玩

1. 不要等到他们已然老去，你才不再吝啬你的孝心

了。""我想要玩具，我需要钱去买玩具。"树失落地说："对不起，我没有钱……但是，你可以把我的苹果摘下来，拿去卖掉，这样你不就有钱了吗。"男孩兴奋地把所有的苹果都摘下来，高兴地离开了。男孩摘了苹果之后很久都没有回来，树非常伤心。

终于有一天，男孩回来了，树非常激动。树兴奋地说："来和我玩吧！""我没有时间玩，我要工作，这样才能养家糊口。我们需要一幢房子，你能帮助我吗？""对不起，我没有房子，但是你可以把我的树枝砍下来去盖你的房子。"男孩听后非常高兴，他便把所有的树枝都砍下来，高兴地离开了。

看到男孩这么高兴，这棵苹果树非常欣慰。可是，从此之后，男孩又很久都没回来，苹果树再一次孤独、伤心起来。

在一个炎热的夏日，男孩终于回来了，树很高兴。树再一次说道："来和我玩吧！""我过得一点都不快乐，我现在正在一天天变老，我好想去旅行放松一下。你能给我一条船吗？""用我的树干造你的船吧，这样你就能够快乐地航行到遥远的地方。"之后，男孩又把苹果树的树干砍下来，做成了一条船。他去航海了，很长时间都没有露面。

过了很多年之后，男孩终于回来了。"对不起，孩子，我再也没有什么东西可以给你了。"树说。"我已经没有牙咬苹果了。"男孩回答道。"我也没有树干让你爬了。"树说。"我真的不能再给你任何东西了，除了我正在死去的树根。"树含着泪说。

"我现在已经不再需要什么了，我只希望找个地方好好休息。过了这么些年，我累了。"男孩回答道。"太好了，老树根正是休息时最好的倚靠，来吧，孩子，来坐在我身边，休息一下吧。"男孩这一次坐下了，树很高兴，含着泪微笑着……

毫无疑问，这树就是父母的象征，他们将一生的心血赋予儿女，不求回报，所期盼的，不过是儿女能在身边多陪伴一会儿，只要儿

女幸福，他们可以心甘情愿地倾尽所有。身为儿女，我们不该是一盏不省油的灯，常令父母操心受累！而应少犯错，踏踏实实做事，老老实实做人，少给社会添乱，少让父母操心，真正成为父母贴身的小棉袄，这才是真正的孝顺。

作为父母，当他们决定养育一个孩子的时候，就已经下定了做出重大牺牲的决心，无论孩子出现什么先天疾病，还是后天缺陷，父母都可以包容，因为孩子是他们的责任，更是他们的血脉。但是当孩子长大成人之后，特别是已经到了应该自谋出路的年龄，是不是还应该待在家里，继续由父母养活呢？

为人子女，其实有的时候应该心里明白，哪些事可以让父母为你操操心，哪些事应该独立解决，再也不能给父母添麻烦了。

别总抱怨父母唠叨，那是因为他们太爱你

柔柔上床的时候是晚上11点，窗户外面下着小雪。她缩到被子里面，拿起闹钟，发现闹钟停了——她忘了买电池。天这么冷，柔柔不愿意再起来，就给妈妈打了个长途电话：

"妈，我闹钟没电池了，明天还要去公司开会，要赶早，你6点的时候给我个电话叫我起床吧。"

妈妈在那头的声音有点哑，可能已经睡了，她说："好，放心吧。"

柔柔做了一个美梦，梦见自己终于遇到了白马王子，白马王子

1. 不要等到他们已然老去，你才不再吝啬你的孝心

刚想向她表白，电话响了。外面的天还是黑黑的，电话里传来了妈妈的声音："柔柔，你快起床，今天要开会的。"柔柔抬手看看表，才5点半，她有些生气地叫了起来："我不是叫你6点吗？我还想多睡一会儿呢，美梦都被你搅了！"妈妈在那头突然不说话了，柔柔挂了电话。

6点，柔柔准时起床，梳洗好，出门。天真冷啊，漫天的雪，天地间茫茫一片。公车站台上，柔柔不停地跺着脚。周围黑漆漆的，她旁边却站着两个白发苍苍的老人。老先生对老婆婆说："你看你一晚都没有睡好，早几个小时就开始催我了，现在等这么久。"是啊，以柔柔的乘车经验，这趟公交车还要5分钟才到呢。

终于车来了，柔柔上车。司机是一位很年轻的小伙子，他等乘客上车以后就迅速将车开走了。柔柔说："喂，司机，下面还有两位老人呢，天气这么冷，人家等了很久，你怎么不等他们上车就开车？"

那个小伙子很神气地说："没关系的，那是我爸爸妈妈！今天是我第一天开公交，他们来看我的！"

柔柔突然就想哭了。这时爸爸发来了短信："女儿，妈妈说，是她不好，她一直没有睡好，很早就醒了。平时你做事拖沓，她担心你会迟到。"

忽然想起一句犹太谚语：

父亲给儿子东西的时候，儿子笑了。

儿子给父亲东西的时候，父亲哭了。

记得做一个孝顺的子女，这一辈子，我们欠下的东西太多，而能让你欠着又不求回报的，也只有父母了，不要抱怨爸爸妈妈的唠叨，多多体谅他们。

请感谢父母的最后通牒

17岁那年，父母很认真、很正式地找他谈了一次话。他们说："明年，你就18岁了，是真正意义上的成年人了。一个成年人必须独立。以后你有了工作，挣了钱，不需要给我们，我们不需要你养活，但你必须养活自己。"这一番话，一直深刻在他的脑海之中，时刻不敢忘记。

上了大学以后，他开始勤工俭学，自给自足，真的没有再向家里要过一分钱。那个时候，他懂得了生活的不易，也认清了自己的能力。

他的第一份勤工助学工作是清扫楼道，这是宿管阿姨介绍给他的。每天，5点左右他便起床洗漱，然后开始接近一个小时的工作，当他第一次拿到300元的报酬时，他简直是欣喜若狂，钱虽不多，但毕竟是凭自己双手挣来的。

到了大一的第二学期，他的生活更加忙碌了，为了凭自己的能力攒足学费，他又向学校申请去牛奶部去送牛奶。每天天还没亮，他就得悄悄起床，要赶在大家起床之前，将还带着温度的牛奶送到同学们手中。然后，他还要去清扫楼道。

周末的时候，他要去做兼职家教，有时甚至要跑到离学校几十公里外的小镇上去。为了对别人的孩子负责，他非常认真和投入，也赢得了众多家长的好评和肯定。

1. 不要等到他们已然老去，你才不再吝啬你的孝心

自己辛辛苦苦赚来的钱，主要是为了支付学费，用在吃饭上，他就觉得有点舍不得了。于是，他又跑到食堂，向负责人求情，希望能在这里打一份工，而报酬就只是免费的一日三餐。打这以后，他又像个家庭主妇一样，每次开饭，围上围裙，手拿铁盆，细心地收拾餐具，擦净桌椅。一开始，他还有点难为情，总是千方百计躲避熟人，但慢慢地也就习惯了。

3年多的时间，他硬是靠着扫楼道、送牛奶、食堂打杂、做家教以及奖学金，以优异的成绩完成了学业，并被学校评为"励志之星"，即将毕业的时候，有多家大公司主动来到学校抢他。如今，他已经在一家大型企业当上了副总经理。

回想起在他即将成年时下的"最后通牒"，他至今仍倍感亲切并充满感谢。自食其力，多么简单、朴素的道理，但又有几个父母做得到，又有几个人愿意自食其力呢？如果一个人能够尽早懂得在人格上自尊独立的道理，就会形成一种无形的压力和紧迫感，并将之转化为一种动力，迫使自己不断地去学习、去进步，从而获得谋生的真本事。虽然这个过程可能有点痛苦，有点孤独，但却是成长的必要。

不要让虚荣伤害父母

他出生在西北一个边远小镇，家中没有田地，父亲又没有其他手艺，只能到城里给人搓澡，以维持一家的生计。

他自懂事起便对自己的出身很是介怀，即便成绩一直高居榜首，但他依然觉得在同学面前抬不起头——谁让自己的父亲是个搓澡工呢？

他从不肯让父亲为自己搓澡，他觉得这个时候的父亲很"低贱"，而父亲对此一直默然无语。

初中时，语文老师布置了一篇作文，题目是《我的父亲》，他久久无法下笔——这样的父亲如何搬上纸面？

临近高中时，他曾想过辍学——学校在城里，父亲也在城里为人搓澡，倘若被同学知道，这是何等尴尬？好在父亲突然开窍，不再从事这"低贱"的工作，据说是打算和别人一起做点小生意。他心中一阵狂喜，终于从内心的卑微中解脱出来。

开学那天，父亲原打算送他去学校，毕竟他从小到大没去过城里，这么远的路程，父亲不放心。但他一口回绝，头也不回地向车站走去，父亲站在门前望了很久……

高中生活对他而言是快乐的，父亲不再是搓澡工，他终于可以抬起头做人了。每次假期回家，他都会有声有色地讲述自己在学校的所见所闻，而父母眼中则不可掩饰地流露出欣慰与自豪。

高中毕业以后，他考上了省内一所知名大学，再后来留在了省城工作。一次，偶然间他遇到了前来省城学习的初中老师，交谈之时老师突然语重心长地说道："你应该多回家看看你的父亲，他为你付出了太多。"

他愣住了，有些不知所云。老师看到他的样子，解释道："当年，我把你写不出作文的事情告诉了你父亲。从那以后，他便借做生意之名，到邻市的澡堂搓澡去了。为了满足你的虚荣心，他总是躲着熟人，而每当你放假时，他就会提前回到家中。这些年来，甚至连你们村的人都不知道他在忙些什么？"

他向老师深深鞠了一躬，感谢老师告诉他事情的真相。此时，

1. 不要等到他们已然老去，你才不再吝啬你的孝心

他已不是那个不懂事的孩子，他深知自己的虚荣为父亲带来了什么。

周末，他迫不及待地回到家中，并不是去揭露这个秘密，而是想为父亲搓一次澡。

老话讲"儿不嫌母丑，狗不嫌家贫"。父母为我们操劳了一辈子，即使他们真的很丑，即使他们做的事情让你在那些自以为是的人面前抬不起头，你又有什么资格嫌弃呢？如果嫌弃父母丑，你大可以用自己努力赚来的工资，让他们变"美"，这才是为人子女该做的事情。

婆媳之间，能体谅的多体谅

蒋翠萍在一次和婆婆发生冲突以后，跑到表妹宋女士家诉苦。当时，宋女士正好有篇稿子要写，无暇陪她。蒋翠萍就和宋女士的婆婆闲聊起来。

蒋翠萍无奈地说，她婆婆不讲卫生，做菜无味，整天唠叨，让人生厌。宋女士的婆婆打断了她的话："你该向你这个'糊涂'妹妹学学，她不嫌我这个乡下老太婆，我在这里一住就是几年。我炒的菜明明盐放多了，可她还说好吃！前天刚给我一百元零花钱，今天早上又问我还有没有零钱用。"

宋女士的婆婆一边说，一边呵呵笑起来⋯⋯

午饭后，宋女士打开洗衣机准备洗衣裳，却找不到早晨刚刚换下的衣服。"妈，看见我的衣裳了吗？"

宋女士的婆婆却一拍脑门，笑着说："瞧我这老糊涂，刚才一不留神把你的衣服给洗了。"

蒋翠萍看着表妹婆媳之间融洽的样子，愣了一下神，好像若有所悟地点点头。当晚，蒋翠萍深情地告诉宋女士："以前我总羡慕你有好婆婆，现在终于明白了，你们之间的糊涂可真难得啊！不计较小是小非，什么事都好办了！我以后真得好好向你学习。"

此后，蒋翠萍也当起了"糊涂"媳妇。令人欣慰的是，不久以后，她婆婆也被"传染"了，也跟她一起"糊涂"起来。以后，她们家再也看不见"硝烟"了。

都说不是一家人，不进一家门，既然进了一家门，那就是百世修来的缘分。人生不过数十载，于老人而言，幸福的日子更是过一天少一天，婆媳之间何必争得面红耳赤，闹得鸡犬不宁，令你们的儿子、丈夫身居其中左右为难。做婆婆的，应老有持重，多装装糊涂，谅解儿媳的"不懂事"；做儿媳的，应本着尊老敬老的基本操守，能体谅的多体谅，能忍让的多忍让。这样，不但你们过得开心，你们的儿子、丈夫也少了很多为难之时，才能毫无后顾之忧地为这个家尽心尽力。

孝心就在生活的一点一滴中体现

周末，他去朋友家串门。朋友让他在客厅稍作等候，因为有个电话要打。他拨通了号码后，响了两声便立即放下了电话。两分钟

1. 不要等到他们已然老去，你才不再吝啬你的孝心

过后，朋友又去打电话。这次电话通了。

放下电话以后，朋友笑着对他说："抱歉，有些怠慢你了，是给我母亲打的电话。"

他很诧异，给母亲打电话为何要响两声就放下，然后再打呢？于是，朋友接着说了给母亲打电话的故事：

原来，这位朋友的母亲行动不太灵便。有一次，他打电话回去，母亲为了接电话，一时着急，重重地摔在了地上。发生了这件事以后，他非常内疚，所以以后每次打电话，他都会先让电话响两声，然后挂断，给母亲充足的时间走到电话旁。

父母给予我们的爱是大海，而我们回报父母的爱充其量只是大海中的一滴水。即便如此，我们也不要忽略这一滴的水，因为只要我们有孝心，滴水终有一天也能汇成江河。孝顺不一定非得是那种惊天地、泣鬼神的大事，它是一种发自内心的感激之心，体现在点点滴滴的小事儿上！其实只要我们有一颗孝心，即使再小的细节也能体现！

一时的孝心，一世的习惯

他看了一篇文章，说的是一位很有成就的人在反思自己一生的经历时，觉得最大的遗憾是没有好好尽孝，甚至没有给父亲洗过一次脚。他很受教育，决定要给父亲洗一次脚，要用行动来弥补这一遗憾。

第二天，他坐了一天的火车，傍晚时进了家门。父亲见儿子回来，又喜又惊，便问："单位放假了？""没有。""出差顺路？""也不是。""那你怎么有时间回家？""我回家给您洗一次脚。"父亲听后大感不解，忙问："孩子，有什么事儿跟爹说，是不是下岗了？"他觉得这事儿没办法解释，便不再搭话。他打来热水，给父亲洗脚，他洗得很认真，洗完之后又扶着父亲上床歇息。

　　他坐了一天的火车，很累，上床不久就睡着了。他终于尽过一回孝心了，心里踏实了，因此，他睡得很香。

　　但他父亲却一直没睡着，在床上翻来覆去地"烙大饼"："孩子出什么事儿了呢？"父亲实在憋不住，半夜里几次起来想叫醒他问个明白，但看他睡得那么沉，几次话到嘴边又忍住了。

　　天快亮了，父亲实在忍不住了，推醒了他，说："孩子，告诉爹，到底出了什么事儿？你不说出来，爹要被你急出病来的。"

　　尽孝，是绵长的春雨，润物无声。而他的孝，却是心血来潮，是会吓坏人的。

　　家是中国最小的单元，有了家庭的和睦，才能有整个家族的旺盛，比如，我国历史上出了名的家族——乔家、王家，等等。有了家族的旺盛，才有国家的昌盛。孝并不是嘴上说的，也不仅仅是做两三件事，孝是一种生活习惯，更是一种文化习惯。但愿我们一时的孝心，能够延伸成一世的习惯。

2.
生命中的悲剧，往往是喜剧的伏笔

弱者沉吟叹息，勇者却向着光明抬起他们纯洁的眼睛。当你笑对苦难时，你会发现苦难其实不过如此。

生活，在于你如何活

A君与B君是大学同学，在校期间他们所研修的都是美术专业。学习上，A君一直勤奋刻苦，精益求精，他设计的作品不止一次摘得省级比赛大奖，在学校时便有才子之称。B君则完全是另一副样子，他仗着自己家里有几个钱，整日吊儿郎当，甚至连毕业作品都是花钱请人代笔的。

不过这个世界就是这样，很多时候，有才华的人确实会遭逢怀才不遇的境遇。大学毕业以后，没钱没势的A君费了好大力气才来到一所中学当上美术教师，每个月的工资也只有一千多元，生活过得有些拮据。而更让他愤愤不平的是，那个不务正业的B君凭借家里的关系，竟然轻而易举地进入当地一家知名报社做了美编，每个月的薪水有四千多元！

现实带给二人的巨大反差令A君心中窝火，他的性格变得越来越偏激，每次只要在报刊上看到B君的名字，都会喋喋不休地数落世界的不公。渐渐地，A君心中斗志全无，他不愿意再努力——反正"有德有才"永远比不上"有钱有势"，再怎么努力也是白费！——他这么想，也是这么做的，他开始消极怠工。

B君则截然相反，他的才华原本远不及A君，但在进入报社以后突然上进起来，也是由于在这里经常能够接触一些上成作品，使得B君的专业水平突飞猛进。

2. 生命中的悲剧，往往是喜剧的伏笔

3年之后，A君的工作态度彻底惹怒了校领导，他丢失了维持生计的饭碗，而B君却因为业务扎实、思维新颖，被逐步提升为报社的美编主任。这时的A君已经无法再小看B君了，因为就其作品而言，B君的美术功力显然已经超过了自己。

不可否认，生活有时确实存在着它偏心的一面，但人的出身卑微或外表平平甚至带有缺陷，都是无法选择的，可是内心状态、精神意志却完全由我们自己掌控。如果我们能够正视所谓的命运，正视你所必须承受的种种不快，对抗它带给你的伤害，你就有机会成为自己想象中的样子。而生活带给你的那些痛苦，其实只是为了告诉你它想要教给你的事，你一遍学不会，就痛苦一次，总是学不会，就会在同样的地方反复摔跤。

草木不经风霜，则生意不固

中国台湾作家林清玄写过一个故事：有一年上帝看见农民种的麦子果实累累，觉得很开心。农夫见到上帝却说："五十年来我没有一天结束祈祷，祈祷年年不要有风雨、冰雹，不要有干旱、虫灾。可无论我怎样祈祷总不能如愿。"这时，农夫忽然吻着上帝的脚说："我全能的主呀！您可不可以明年承诺我的恳求，只要一年的时光，不要大风雨、不要烈日干旱、不要有虫灾？"

上帝说："好吧，明年必定如你所愿。"

第二年，由于没有狂风暴雨、烈日与虫灾，农夫的田里果然结

出很多麦穗，比往年的多了一倍，农夫高兴不已。可等到秋天的时候，农夫发现所有的麦穗竟全是瘪瘪的，没有什么好籽粒。农夫含泪问上帝，说："这是怎么回事？"

上帝告诉他："由于你的麦穗避开了所有的考验，才变成这样。"

一粒麦子，尚且离不开风雨、干旱、烈日、虫灾等挫折的考验，对于一个人，更是如此。

"草木不经风霜，则生意不固；吾人不经忧患，则德慧不成。"近代哲人沈近思如是说。生命中难免有暗夜，然而只要我们心怀阳光坚强地面对，一定会发现，生命中的每一次苦难对于我们而言都是那么地富有深意。

每一个生命的成熟，都带着触目惊心的伤痕

英国劳埃德保险公司曾从拍卖市场买下一艘船，这艘船1894年下水，在大西洋上曾138次遭遇冰山，116次触礁，13次起火，207次被风暴扭断桅杆，然而它从没有沉没过。

劳埃德保险公司基于它不可思议的经历及在保费方面带来的可观收益，最后决定把它从荷兰买回来捐给国家。现在这艘船就停泊在英国萨伦港的国家船舶博物馆里。

不过，使这艘船名扬天下的却是一名来此观光的律师。当时，他刚打输了一场官司，委托人也于不久前自杀了。尽管这不是他的第一次失败辩护，也不是他遇到的第一例自杀事件，然而，每当遇

2. 生命中的悲剧，往往是喜剧的伏笔

到这样的事情，他总有一种负罪感。他不知该怎样安慰这些在生意场上遭受了不幸的人。

当他在萨伦船舶博物馆看到这艘船时，忽然有一种想法，为什么不让他们来参观参观这艘船呢？于是，他就把这艘船的历史抄下来和这艘船的照片一起挂在他的律师事务所里，每当商界的委托人请他辩护，无论输赢，他都建议他们去看看这艘船。

它使我们知道：在大海上航行的船没有不带伤的。

虽然屡遭挫折，却能够坚强地、百折不挠地挺住，这就是成功的秘密。

人生总有磨难重重，我们谁也别想逃掉，是深是浅都要过，是苦是甜都要喝，是高是低都要走。但苦难其实并不可怕，挫折也无妨，一切希望都并非没有烦恼，而一切逆境也绝非没有希望。最美的刺绣是以明丽的花朵映衬于暗淡的背景，而绝不是以暗淡的花朵映衬于明丽的背景。人的美德犹如名贵的香料，在烈火焚烧中会散发出最浓郁的芳香。正如恶劣的品质可以在幸福中暴露一样，最美好的品质也正是在逆境中被显现的。

鱼王的儿子

有个渔人捕鱼技术一流，被人们称为"渔王"。然而"渔王"年老以后手艺却失传了，他的三个儿子的渔技实在是太平庸了。

渔王对此痛心疾首，他常对外人抱怨："我真是不明白，我捕鱼

的技术这么好，我的儿子们为什么会这么差？从他们懂事起，我就传授捕鱼技术给他们，从最基本的东西教起，告诉他们怎样织网最容易捕捉到鱼，怎样划船最不会惊动鱼，怎样下网最容易请鱼入瓮。他们长大了，我又教他们怎样识潮汐、辨鱼汛……凡是我知道的，都毫无保留地传授给了他们，可他们的技术竟然赶不上普通渔民的儿子！"

一位路人听了他的诉说后，问道："你一直是手把手教他们吗？"

"是的，为了让他们得到一流的捕鱼技术，我教得很仔细也很耐心。"

"他们一直跟随着你吗？"

"是的，为了让他们少走弯路，我一直让他们跟着我学。"

路人说："这样说来，是你错了！你只传授给了他们技术，却没传授给他们教训，对于才能来说，没有教训与没有经验一样，都不能使人成器！"

任何不幸都可能成为我们的有利因素

意大利庞贝城中有位卖花女，名字叫作倪娣雅。她虽然自幼便双目失明，一直生活在黑暗之中，但却从不自怨自艾，也没有自我封闭起来，而是勇敢地选择去面对，她要像正常人一样自食其力。

那日，维苏维沙大火山爆发了，庞贝城遭受着空前的灾难，整

2. 生命中的悲剧，往往是喜剧的伏笔

座城市笼罩在浓烟和尘埃之中，不断遭受着地震的侵袭。是时，正值漆黑的午夜，惊慌失措的居民跌跌撞撞寻找出路，却始终无法走出"迷宫"。

倪娣雅一直生活在黑暗之中，这些年来又一直走街串巷在城里卖花，她的不幸反而成了大幸，倪娣雅依靠自己的触觉和听觉找到了求生之路，与此同时，她还救出了许多市民。

上苍真的很公平，命运在为倪娣雅关闭一扇门的同时，又为她开启了另一扇门。

世上的任何事物都是多面的，我们所看到的往往只是其中一个侧面，这个侧面让人痛苦，但痛苦大多可以转化。有一个成语叫作"蚌病成珠"，这是对生活最贴切的比喻。蚌因体内嵌入沙粒而痛苦，伤口的刺激使它不断分泌物质疗伤，待到伤口愈合时，患处就会出现一粒晶莹的珍珠。试想，哪粒珍珠不是由痛苦孕育而成的呢？

生活中的任何不幸、失败与损失，都有可能成为我们的有利因素。生活也真的很公平，它可以将一个人的志气磨尽，也能让一个人出类拔萃，就看你是怎样的一个人。

苦难是经过伪装的幸福

莎莉·拉斐尔是美国著名的电视节目主持人，曾经两度获奖，在美国、加拿大和英国每天有 800 万观众收看她的节目。可是她在

30年的职业生涯中，却曾被辞退18次。

刚开始，美国大陆的无线电台都认定女性主持不能吸引观众，因此没有一家愿意雇用她。她便迁到波多黎各，苦练西班牙语。有一次，多米尼亚共和国发生暴乱事件，她想去采访，可通讯社拒绝她的申请，于是她自己凑够旅费飞到那里，采访后将报道卖给电台。

1981年她被一家纽约电台辞退，无事可做的时候，她有了一个节目构想。虽然很多家广播公司觉得她的构想不错，但因为她是女性，还是没有公司愿意雇用她。最后她终于说服了一家公司，受到了雇用，但她只能在政治台主持节目。尽管她对政治不熟，但还是勇敢尝试。1982年夏，她的节目终于开播。她充分发挥自己的长处，畅谈7月4日美国国庆对自己的意义，还请观众打来电话互动交流。令人想不到的是，节目很成功，观众非常喜欢她的主持方式，所以她很快成名了。

当别人问她成功的经验时，她发自内心地说："我被人辞退了18次，本来大有可能被这些遭遇所吓退，做不成我想做的事情。结果相反，我让它们鞭策我前进。"

刚毅拯救了尘俗边缘的灵魂，摒弃了世俗的舒适和安逸带来的贪恋、犹疑、怯懦，所有的困厄在其面前最终只能销声匿迹。

苦难往往是经过化妆的幸福。"黑暗并不可怕。"一位哲人说。苦难往往是令人心酸的，但是它是有益于身心的。不屈不挠的人是自信的，他的人生字典写满成功；不屈不挠的人是刚强的，他总有一个支撑自己的精神支柱。最高尚的品格是不屈不挠磨炼出来的，一颗坚韧而又刚毅的心灵从炼狱般的锻造所获取的要比从安逸享受产生的成功多得多。

2. 生命中的悲剧，往往是喜剧的伏笔

经由冷水的冲刷，梦想会更加明朗

这是一个黑人男孩的故事，他出生在一个贫寒的家庭。父亲过早地撒手人寰，只留下嗷嗷待哺的他与母亲相依为命。那个可怜的母亲是个只会打零工的女人，她爱自己的孩子，也想给他与其他孩子一样的生活，但她确实没有那个能力，她每个月只能拿到不足30美元的工钱。

有一次，黑人男孩的班主任让班上的同学们捐钱，男孩觉得自己与其他人没什么差别，他也想有所表现，于是拿着自己捡垃圾换来的3块钱，激动地等待老师叫他的名字。可是，直到最后，老师也没有点他的名字。他大为不解，便去向老师问个究竟，没想到，老师却厉声说道："我们这次募捐正是为了帮助像你这样的穷人，这位同学，如果你爸爸出得起5元钱的课外活动费，你就不用领救济金了……"男孩的眼泪瞬间流了下来，他第一次感到那么地屈辱与委屈，打那天以后，男孩再也没有踏进这所学校半步。

三十年弹指一挥间，这位名叫狄克·格里戈的黑人男孩如今已经成了美国著名的节目主持人。每每提及此事时，他总是会说："经由这盆冷水的冲刷，我的梦想将会更明朗，信念将会更加笃定。"

那么小的孩子，那么大的刺激，这事若换在我们身上，或许阴影便会笼罩一生，或许我们便真的认命了，继续领着救济金，继续过着低人一头的生活。显然狄克·格里戈的意志力要比我们很多人都强，他应该很清楚，生命是自己的，前程是自己的，幸福也是自己的，并不是随便某个人的几句话、随便的一点什么挫折就可以毁掉，所以他要珍爱自己的生命！

而现在的我们所缺少的，也许正是狄克·格里戈那种化刺激为潜力的心气儿，挫折改变了两种人的命运——它能够将懦夫拉入万丈深渊，同样也能够成就生命的美丽。而成与败的关键就在于，你是不是能够把它看成是生命的一种常态。

刀枪剑戟不过是对你的意志的磨炼与考验

命运跟刘伟开了一个天大的玩笑，它给了刘伟一个美妙的开局，却迅速吹响了终场哨。对刘伟而言，10岁时的记忆，永远是那么残缺不全，1997年，10岁的刘伟因触电意外失去双臂。"怎么触电的？其实我自己是记不起来了，我的这部分记忆已经丢失。"刘伟说，"只记得醒来时，已经彻底失去了双臂。当时我的脑袋一片空白，傻了。"刘伟描述着自己当时的心情。

在医院做康复的那段时间，刘伟遇到了生命中的一位贵人，带给了刘伟截肢后第一次改变。那是一位同样失去双手的病人，他叫刘京生，北京市残联副主席。他能自己吃饭、刷牙、写字，而且事业上也非常成功，他教了刘伟很多。刘伟很感谢刘京生，因为有着同样的遭遇，刘伟开始向刘京生学习，"如果你一出生就有两个脑袋，别人都觉得很奇怪，怎么有两个脑袋呢？无所适从。但当你遇到一个同样有两个脑袋的人，而且你发现他过得很好，那你肯定会

2. 生命中的悲剧，往往是喜剧的伏笔

想，他过得好，我也可以。"半年以后，刘伟已经能够自己用脚刷牙、吃饭、写字。

12岁时，刘伟开始学习游泳，并且进入了北京残疾人游泳队，两年之后，他就在全国残疾人游泳锦标赛上获得了两金一银。北京获得举办奥运会资格以后，刘伟对母亲许下承诺——在2008年的残奥会上拿一枚金牌回来！然而，命运仍然是那么无情，在为奥运会努力做准备时，高强度的体能消耗导致了刘伟免疫力的下降，患上了过敏性紫癜。医生告诉母亲，高压电对于刘伟身体细胞有严重的伤害，不排除以后患上红斑狼疮或白血病的可能，他必须放弃训练，否则将危及生命。刘伟只能放弃，不能为了比赛，命都不要了吧。

19岁时，高考临近，刘伟的成绩并不差，但是他的内心却有了疑虑，"内心有激烈的冲突——到底要不要上大学？"在放弃了足球、游泳之后，他把希望完全置放在了另一项爱好上——音乐。家人反对他走音乐这条路，但被刘伟宣判反对无效，刘伟最终没有参加高考。"人最开心的事情就是能从事自己喜欢的职业，所以我最终选择了音乐。"刘伟说。

确定了自己的理想以后，一个问题摆在那里——去哪里学习音乐呢？刘伟找到一家私立音乐学院，然而校长却说："你进我们学院只能是影响校容！"刘伟对此的回答是："谢谢你这么歧视我，我会让你看看我是怎么做的。"

刘伟开始用脚学习钢琴，我们完全可以想象这需要付出多大的努力。要知道，很多正常人用手练了多少年都不一定会有起色。为了能够有所收获，刘伟坚持每天练琴7小时以上。"我是三点一线的生活：练琴、学音乐、回家。我家在五道口，练琴的地方在沙河，学音乐的地方在四中，那时真是精神和体力的双重考验。"在脚指头一次次被磨破以后，刘伟逐渐摸索出了如何用脚来和琴键相处的办法。如同在游泳上的表现，他对音乐的悟性同样惊人。"没有手，用

脚一样能弹钢琴。"刘伟说。

2008年，只学了一年钢琴的刘伟便已达到相当于用手弹钢琴的专业7级水平，他在北京电视台《唱响奥运》节目中，当着刘德华的面弹了一曲《梦中的婚礼》。接着，他弹着钢琴，与刘德华合唱了一首《天意》。双方拥抱之后，刘德华和他约定合作一首歌曲，于是，刘德华新专辑里多了一首叫作《美丽的回忆》的歌。

2009年，刘伟挑战吉尼斯世界纪录，一分钟打出了233个字母，成为世界上用脚打字最快的人。

2010年，刘伟登上了维也纳金色大厅舞台，让世界见证了这个中国男孩的奇迹。

是啊，多大点事啊！经历过挫折考验的人们会对事情作出更充分的准备，把心中的残渣烧掉。因此，我们需要勇敢地拥抱挫折，因为它是我们生命中的另一种维生素。生命的确需要苦难来洗礼，在这番历练中，你能扛得住，便是成功；你扛不住，便只能平庸。就像那些温室中的花朵，诗人根本不会浪费笔墨去歌颂，而那傲雪而立的寒梅，古往今来已不知被多少次提起。究其根由，不正是因为它无畏苦难、可以战胜苦难吗？要知道，人生的成功也是这样。

你生活的灰暗，源于你心中的阴霾

有个法国男人已经到了不惑之年，依然毫无建树，他觉得自己一无是处——做生意失败，找工作又无人接收，甚至连妻子也因无

2. 生命中的悲剧，往往是喜剧的伏笔

法忍受贫穷而离自己远去！他认为世界抛弃了自己，他变了，变得自卑至极，变得易怒又脆弱。

某天，他在酒吧门前遇到一位算命先生，于是便将手伸了过去："喂，老头，我一直很倒霉，你帮我看看是怎么回事。"

算命先生接过他的手掌端详片刻，眼中突然放出异样的光芒："先生，能为您算命真是我的荣幸！"

"此话怎讲？"男人被弄糊涂了。

"因为您具有皇族血统，您是一位伟人的子孙！"算命先生语气坚定地说，"可以把您的生日告诉我吗？"

男人将信将疑，报出了自己的生辰八字。

"没错！您就是拿破仑失落的后代！"算命先生一脸的兴奋。

"我是拿破仑的子孙？！"男人的心跳到了嗓子眼。

"是的，您体内流淌着皇族的血液，您继承着拿破仑的勇气和智慧，而且您不觉得，您与拿破仑有几分相像吗？"

男人仔细一想，感觉自己与拿破仑是有几分相像："可是，为什么我的命运如此不济？我做生意破产了，找不到足以糊口的工作，甚至连妻子都离我而去了。"

"这是上帝的考验！他要你经历这些挫折与痛苦，否则您就不能成功。不过，考验已经结束，好运即将到来，数年以后，你将成为全法国最成功的人，因为您具有皇族的血统！"

回家路上，一种美妙的感觉在男人心中涌动："我不能给波拿巴家族丢脸，我要像祖辈一样出色！"

数年以后，年近五十的"拿破仑子孙"赚得亿万身家，成为法国家喻户晓的人物。

这位法国人究竟是不是拿破仑的子孙呢？这根本无从考证，而且显然已不重要。重要的是，他赶走了心中的消极情绪，他不再颓废，所以他成功了。

一个人，如果一直无法走出心中的阴霾，那么他的世界必然一片漆黑；假如他能够改变心态，那么他的世界也会随之改变。只是我们在遭遇人生低谷之时，总是习惯性地向现实妥协，嘴里碎碎叨叨地埋怨着命运，微博上的更新不外乎"命运是多么残酷"、"人情是何等淡薄"、"穷途末路却无人扶助"，等等——那些欲博同情却只能换来别人鄙夷的痛苦呻吟，而我们却一直没有意识到，并不是这个世界放弃了谁，事实上只有我们自己才有放弃自己的权利。你的心态萎了，你的人生也就萎了。

今天你的卑微，正是你明天努力的动力

诺贝尔物理学奖得主威廉·亨利·布拉格发迹之前家境很是贫穷，他没有一个有钱的家庭，他的父母甚至很久都不能给他添置一件新衣，而他所在的威廉皇家学院多是衣着考究的富家子弟，唯有他，一袭破旧衣衫，一双极大、极不合脚的旧皮鞋。

布拉格这身"时髦装扮"在皇家学院显得极不协调，当时，一些纨绔子弟不但对他冷嘲热讽，甚至向学监告布拉格的状，诬蔑他的旧皮鞋是偷来的。为了这个，学监将布拉格叫到办公室，双眼紧紧盯着那双旧皮鞋。天资聪慧的布拉格马上领悟到了什么，他颤抖着将一张纸交给学监。这是布拉格父亲寄来的家信，上面写有这样几句话："孩子，非常抱歉，但愿再过两年，我那双旧皮鞋穿在你的脚上就不会再嫌大……我一直这样想着：若是有朝一日你有了成

2. 生命中的悲剧，往往是喜剧的伏笔

就，我将感到非常荣耀，因为我的儿子正是穿着我的旧皮鞋奋斗成功的……"

看到这里，学监紧紧握住布拉格的手，满怀感慨地说道："孩子，对不起，是我误解了你！你的家庭虽然贫穷，你的父亲虽然没钱，但他有一颗对你充满期望的心。希望你不要辜负他，我会尽我所能去帮助你。"

此时，布拉格再也控制不住自己的情绪，两行热泪顺颊而下。曾几何时，他也抱怨过贫穷，也为之沮丧过，但父亲的谆谆教导……此时又有了学监的热心帮助。是的，绝不能辜负这些对自己充满期望的人，从此他愈发努力起来。

布拉格在放射线研究等领域获得了巨大成就。成名后的布拉格一直对穿旧皮鞋的经历"耿耿于怀"，他时常告诫自己的儿子威廉·劳伦斯·布拉格：饮水思源，不要忘记长辈的贫穷。

受此熏陶，小布拉格与父亲一样，年仅25岁就和父亲一起摘得了诺贝尔物理学奖。

像布拉格一样，并不是每一个显耀的人，都有一个显耀的家世。父母只负责赐予你生命，他们让你的生命在人类历史上已经有了记载，但接下来能不能把这段历史书写得绚丽，甚至成为传奇，那就全在你自己。你要活着，就应该把自己的思想与生存的时代融合在一起，让自己的身影构成世界上一道独特的风景，让自己的声音伴随着自然的风风雨雨留下不可磨灭的痕迹。无论什么时候，你都不能看低你自己。看低自己，是对父母的侮辱，是对生命的亵渎，是你自找的羞辱。

其实只要你愿意，太阳就会注视着你，月亮就会呵护着你。你完全可以"自恋"一些，就当那和煦的春风是为你而来，就当那五彩缤纷的鲜花是为你而开，就当那青青河边草是在为你的诗增添意境，就当那高山流水是在见证你生活的足迹，就当那自在飘拂的白

云是你忠实的幸福信使。这个世界，有一千个、一万个理由让你不要轻贱自己。

就算你现在的生活有些不顺，但那也只是就一时的境遇而言，绝不会是人格上的卑微，除非你甘愿自暴自弃。人生，有无数种开始的可能，同样也有无数种可能的结果，今天的强者，曾几何时未必不是个弱者，由弱到强的转变，靠的就是心中始终憋着的那口真气——那口不愿低人一等、不愿随波逐流的人生志气。而积聚起这口真气的关键就在于，他们自始至终没有低看过自己。

无论生活怎样，你的价值不会改变

在一次公开课上，一位著名的成功学家做出了如下举动：

他手里高举着一张20美元的钞票，对着在场的500人问道："谁要这20美元？"台下，一只只手举了起来。他接着又说："我打算把这20美元送给你们中的一位，但在这之前，请允许我做一件事。"说着，他将钞票揉成一团，然后又问："现在谁还要？"大家还是把手举了起来。

"那么，这样呢？"他把钞票扔到地上，又用脚踩了上去，碾压。然而他捡起钞票，钞票已经变得又脏又皱，但没有破损。"现在谁还要？"他接着问。还是有很多人举起手来。

成功学家开始了他的重点，他说："朋友们，你们已经上了一堂很有意义的课。无论我如何对待那张钞票，你们还是想要它，因为它并没有贬值，它依旧值 20 美元。人生路上，我们会无数次被自己的决定或者遇到的逆境、欺凌击倒甚至碾得狼狈不堪。很多人可能会因此觉得自己一文不值。但事实上，无论发生过什么，或者将要发生什么，你的价值永远都不会丢失。"

是的，无论发生过什么，你的价值都不会丢失，只要你不放弃自己，无论肮脏或洁净、衣着齐整或不齐整，你的生命作为一种存在，就是无价之宝。所以不要怀疑自己，哪怕你曾经做过荒唐事，但那已经成为过去式，只要今天的你心态积极，你愿意用忏悔的泪水洗净自己的脸，你就能抬着头顶天立地。

有人折磨你，未必是一件坏事

小镇上有一个名叫布莱索的年轻人，他开了一家杂货店，这店铺他们家祖传的，从他爷爷那辈就开始经营。总而言之，这间小小的杂货店虽然不起眼，却一直被布莱索视为"珍宝"。布莱索诚实守信、买卖公道、童叟无欺，因而他的店铺在小镇上拥有不错的声誉。完全可以这么说，布莱索的铺子对镇上的居民而言，简直就如手足一般，是不可或缺的。布莱索本人并没有什么野心，他甚至没想过有朝一日要赚大钱，他只希望这家老店能够传承下去。他的儿子在慢慢长大，这间小铺子很快就会有新接班人了。

可是有一天，一个外乡人笑嘻嘻地来拜访布莱索，让人不愉快的事情发生了！

外乡人表示，他准备买下这间铺子，并要求布莱索报个价钱。

布莱索当然舍不得，就算是给出双倍的价钱也不会卖！要知道，这间铺子可不仅仅是生意那么简单，它代表的是事业，是遗产，是信誉！

外乡人耸耸肩，一脸奸笑地说："抱歉，我已经买下了街对面那幢空房子，好好装修一遍，再进些上好的货品，价位定得低一些，到那时你没生意可不要后悔！"

就这样，布莱索眼见对面贴出了翻新通知，又见一些木匠、漆匠在里面忙得不亦乐乎，他的心跌到了谷底！对面新店开业以后，布莱索的生意果然一落千丈，因为对方的货物样式新、价格低，客人都被抢了去。看来，外乡人是有心要挤垮布莱索的老店。

不能再任其发展下去，布莱索决定予以还击。可是，如何才能打退对手呢？在经营中布莱索曾经发现，每每他把一些商品摆在门口甩卖时，人们的兴趣总是格外浓厚，他们喜欢挑来挑去，然后买走所需的东西，这使布莱索产生了一个新想法——对店铺进行大改革，这是他从未想过的事情。说做就做，布莱索找来几个木匠制作了一排货架，随后又进城采购了许多货品，然后分门别类地将其摆放在货架上，并在相应的货品下贴上价签，他撤掉了老式柜台，只在门口摆了张桌子收款。如此一来，人们就可以自由地挑选自己喜爱的货物。这一改革在小镇引起了轰动，人们一窝蜂地跑到布莱索的店里买东西，布莱索获得了成功，而那个外乡人，只得卷铺盖走人了。后来，布莱索又将自己的新店经营模式推广到城里，结果他很快就成为了一个有名的富人。

毫无原则的表扬和肯定，往往会扼杀长久的努力和进步。有人折磨你，这未必不是一件好事，对他不要怨恨，当然，更不要被击倒。因为，倘若我们无法接受那些折磨，就不可能透过折磨体会到成功的真谛。

2. 生命中的悲剧，往往是喜剧的伏笔

所谓悲惨，只是你给了自己伤害自己的理由

一对孪生兄弟，十几岁的时候父母在一场车祸中双双离世，他们在别人的帮助下慢慢长大，生活开始朝着好的方向发展，然而，一场意外火灾又使原本非常英俊的他们被烧得面目全非，变成了人人避之不及的丑八怪。

生活原本就不是很富裕，兄弟俩没有能力支付巨额的整容费用，而且当时落后的整容手段并不能保证能给他们带来多大的改变，他们只能咬着牙适应这个丑陋面孔。他们的生活在这场火灾之后发生了翻天覆地的变化，他们再不是当初受人欢迎的帅哥了，来自四面八方的鄙夷眼光湮没了他们原本脆弱的自信心，生活对他们来说成了一种无言的煎熬。

哥哥不堪忍受生活的打击，趁人不注意，偷偷喝下农药，离开了这个让他感到屈辱的世界。弟弟很悲伤，这个世界上唯一与他相依为命的人不在了，他的世界一瞬间仿佛又塌下了一半。那天晚上，他梦见了爸爸、妈妈，还有哥哥，他们说："来吧，到我们的世界中来吧，我们一家团聚。"他真的想和他们相聚，可是，似乎总有一个声音在提醒他：你生命的价值还没有体现，别辜负老天给你来这个世界走一遭的机会。他陡然惊醒，泪流满面。

后来，在残联的帮助下，他成了一名货车司机，每天重复着单调寂寞的生活。一天，在他返回城市的途中，下起了雨，路面很滑，

他不得不小心翼翼地开着车。这时，他看到有一个人站在不远的地方求救，他犹豫了一下，还是停下了车，原来那个人的车子在附近抛锚，然而却没有一个人愿意停下来帮忙。

后来他才知道，他救的是一个在当地很有影响力的企业家，企业家非常欣赏这个忠厚的年轻人，虽然他外表丑陋。他把自己名下的一家货场交给他打理，他凭借着诚信和实力，居然渐渐打开了市场。他有了钱，也等来了医术发达的时代，经过几次手术，终于恢复了正常人的外貌，过上了正常人的生活。

50岁生日那天，看着脸上写满幸福的妻儿，想起这些年发生的事情，他再一次泪流满面。

这个世界也许会给你伤害，但被伤害的程度却是由你自己把握的。别人的伤害只是一时，能够真正伤害你的，只有你自己。如果你的心里一直有着伤口，生活必然会一直痛下去。所以你在埋怨命运的时候，请好好地想一想，是不是你给了自己伤害自己的理由。

每一道伤口，在你醒悟后，都会变成拥有

有位朋友前去友人家做客，才知道友人3岁的儿子因患有先天性心脏病，最近动过一次手术，胸前留下一道深长的伤口。

友人告诉他，孩子有天换衣服，从镜中看见疤痕，竟骇然而哭。"我身上的伤口这么长！我永远不会好了。"她转述孩子的话。

孩子的敏感、早熟令他惊讶；友人的反应则更让他动容。

2. 生命中的悲剧，往往是喜剧的伏笔

友人心酸之余，解开自己的裤子，露出当年剖腹产留下的刀口给孩子看。

"你看，妈妈身上也有一道这么长的伤口。"

"因为以前你还在妈妈的肚子里的时候生病了，没有力气出来，幸好医生把妈妈的肚子切开，把你救了出来，不然你就会死在妈妈的肚子里面。妈妈一辈子都感谢这道伤口呢！"

"同样地，你也要谢谢自己的伤口，不然你的小心脏也会死掉，那样就见不到妈妈了。"

感谢伤口！——这四个字如钟鼓声直撞心头，那位朋友不由低下头，检视自己的伤口。

它不在身上，而在心中。

那时，这位朋友工作屡遭挫折，加上在外独居，生活寂寞无依，更加重了情绪的沮丧、消沉，但生性自傲的他不愿示弱，便企图用光鲜的外表、悍强的言语加以抵御。隐忍内伤，结果，终至溃烂、化脓，直至发觉自己已经开始依赖酒精来逃避现状，为了不致一败涂地，才决定举刀割除这颓败的生活，辞职搬回父母家。

如今伤势虽未再恶化，但这次失败的经历却像一道丑陋的疤痕，刻在胸口。认输、撤退的感觉日复一日强烈，自责最后演变为自卑，使他彻底怀疑自己的能力。

好长一段时日，他蛰居家中，对未来裹足不前，迟迟不敢起步出发。

朋友让他懂得从另一方面来看待这道伤口：庆幸自己还有勇气承认失败，重新来过，并且把它当成时时警惕自己，匡正以往浮夸、矫饰作风的记号。

他觉得，自己要感谢朋友，更要感谢伤口！

我们应该佩服那位妈妈的睿智与豁达，其实她给儿子灌输的人生态度，于我们而言又何尝不是一种指导？人生本就是这样——它

有时风雨有时晴，有时平川坦途，有时也会撞上没有桥的河岸。苦难与烦恼，亦如三伏天的雷雨，往往不期而至，突然飘过来就将我们的生活淋湿，你躲都无处可躲。就这样，我们被淋湿在没有桥的岸边，被淋湿在挫折的岸边、苦难的岸边，四周是无尽的黑暗，没有灯火、没有明月，甚至你都感受不到生物的气息。于是，我们之中很多人陷入了深深的恐惧，以为自己进入了人间炼狱，唯唯诺诺不敢动弹。这样的人，或许一辈子都要留在没有桥的岸边，或者是退回到起步的原点，也许他们自己都觉得自己很没有出息。然而，人活着，总不能流血就喊痛，怕黑就开灯，想念就联系，疲惫就放空，被孤立就讨好，脆弱就想家，人，总不能被黑暗所吓倒，终究还是要长大，最漆黑的那段路终是要自己走完。

换个方向看世界，就会发现生活的美好

卡戴珊陪伴丈夫驻扎在一个处于沙漠中的陆军基地。她的丈夫奉命到沙漠中去演习，她一个人留在陆军的小铁皮房子中，天气实在太热了，在仙人掌的阴影下也有华氏 120 度。没有人可和她一起聊天，身边只有墨西哥人和印第安人，而他们都不会说英语。她感到非常难过，于是写信给父母，说要丢开一切回到家中去。她父亲的回信只有两行字，这两行字却永远留在了她的心中，完全改变了她的生活：

两个人从牢中的铁窗望出去……

2. 生命中的悲剧，往往是喜剧的伏笔

一个看到泥土，一个却看到了星星。

卡戴珊反复读着这封信，她感到非常惭愧。她决定要在沙漠中找到星星。卡戴珊开始和当地人交朋友，他们的反应使她非常惊奇，她对他们的纺织、陶器表示感兴趣，他们就把最喜欢但舍不得卖给观光客人的纺织品和陶器送给她。卡戴珊研究那些引人入迷的仙人掌和各种沙漠植物，又学习有关土拨鼠的知识。她观看沙漠日落，还寻找到了几万年前的海螺壳，这片沙漠曾经是海洋……原来难以忍受的环境变成了令人兴奋、流连忘返的奇景。

事实上沙漠没有改变，印第安人也没有改变，只是卡戴珊的心态变了。心态一变，那些她原本认为恶劣的情况便成了一生中最有意义的冒险。她为发现新世界而兴奋不已，并为此写了一本书，并以《快乐的城堡》为名出版了。她终于从自己造的牢房中看到了星星。

学着换个角度，换个方向去开解自己，或者比任何人的宽慰都来得容易，甚至效果会更好。如果我们能够以"另眼看生活"，就会发现生活的美好。

一个人能否活得幸福，完全取决于他的人生态度。幸福者与不幸者之间的差别是：幸福者始终用最积极的思考、最乐观的精神和最有效的经验支配和控制自己的人生。不幸者则刚好相反，因为缺乏积极思维，他们的人生是受过去的失败和疑虑所引导和支配的。他们徘徊在失败的阴影里，只能眼看着别人幸福地生活。

从失败中走出来的人，才有资格享受成功

齐峰家境富裕，自幼没吃过什么苦，也没受过什么挫折，但大学毕业以后他却遇到了麻烦。

毕业后，成绩优异的齐峰如愿进入一家大型国企，20岁出头的他尚不知社会复杂，为人处世不懂收敛，率性而为，锋芒毕露。渐渐地，同事对他有了不满，纷纷在背后指责他做事毛躁、爱出风头。从小养尊处优的齐峰哪受得了这个？他感到愤怒、感到非常沮丧，于是便将工作中的种种不快统统告诉给了父亲。

父亲听完，对齐峰讲了一个故事：某人在车祸中不幸失去双腿，亲戚朋友为他感到惋惜，纷纷前来慰问。但他却说："是的，这确实很不幸，但至少我保住了性命。由此我发现，原来活着是一件非常惬意的事情——在此之前我从没有过这种想法。你们看，我不是一样呼吸着清爽的空气、一样闲看云卷云舒吗？我虽然失去了双腿，却得到了比以前更幸福的生活。"

稍作停顿，父亲继续说道："人生中难免会有不愉快，若能像故事的主人公一样，换个角度去看问题，是不是就轻松很多？单位毕竟不是家，不可能事事都以你为中心。你应该换个角度，把这些不愉快当作一种磨炼，这样你才能尽快成熟起来。你为何不将眼前的境况当作是成长中的一笔财富呢？"

父亲的话令齐峰豁然开朗，他已经知道自己今后该怎样去做了。

2. 生命中的悲剧，往往是喜剧的伏笔

你想自己的世界不起波澜，但事实上没有谁能够一帆风顺，可如果你能从苦难中感悟到点什么，那么就是一种进步。

能从失败中走出来的人，才有资格享受成功，倘若你整日沉浸在失败的痛苦之中，那么你永远也无法接近成功……有时，我们需要换个角度看问题，同样的一件事，以往带给你的是烦恼，换个角度看问题，它带给你的就可能是一种动力。

战胜苦难，它就会变成你的美丽项链

她4岁时得了肿瘤，11岁腿上长脓肿，12岁发现得了脊柱侧弯，后来在脊椎里埋植了两根钢条。之后她又因为颈部椎间盘突出、肩膀二头肌腱炎等经历了多次手术。至今她都不能弯腰，也无法像其他女人一样风情万种地扭动身体……从4岁开始，她的身体就出现了太多常人所无法面对的问题。她习惯了这种时刻与伤痛斗争的生活。经常，疼痛涌上来了，她没有任何办法，只能照样穿好衣服，看看当天的训练和比赛安排，"活下去就是成功"。她总是这样告诉她的家人。

13岁时她第一次做脊椎手术，在背部植入了金属钢条和支架。从那以后，她便开始蓄起了长发，不为别的，只为遮盖手术后背部的伤疤。"伤疤不会消失，它一直在那里。它是我的弱点。"珍妮特·李每每想到她的伤疤，都会情绪低落，她说，"我对我的背部很敏感，哪怕有人站在我背后，我都会有不舒服的感觉，我吃饭的时候也会选择背对着墙。我不知道为什么。"

然而，就是这个对自己的伤疤讳莫如深的人，却做出了一个惊人的举动。最近一个世界闻名的时尚杂志推出了一系列明星们的最新写真，她终于不再为自己动过手术的身体而难堪，一袭黑色长发也悄然绾起，她大胆地向世人展示了她的伤疤。

当记者问她为什么有勇气将自己的伤疤暴露给大家的时候，她说，每个女人都会有自己的伤疤，有的在身体上，有的在心里。苦难并不可怕，如果你驾驭和征服了苦难，苦难就会是一条项链，使你变得更美丽。

她就是那个深受球迷喜爱的女子台球世界冠军，在台球桌前意气风发、光彩照人的"黑寡妇"——珍妮特·李。

人们盛传她曾因连续37个小时练球直至被送进医院，用塑料胶带日以继夜地固定手形等难以想象的事情都是真的，每天晚上睡觉前，她仅上药一项就需要1个小时，还要让丈夫帮她按摩，"我只是想和我的家人一起享受台球和运动的快乐，因为我必须做好，做给每一个不幸的人看，李，你是好样的！"她在艰辛中一次次站起来，她的意志和信念磨炼得比金属钢条和支架更坚强。

我们可以看到她的成绩：在美国女子职业撞球联盟(WPBA)征战不到一年，便成为世界十位顶尖女子职业球手之一。1994年，她赢得巴尔的摩锦标赛、华盛顿锦标赛两项8球比赛冠军后，她又接连捧回一座座花式九球奖杯。1996年赢得年度WPBA冠军，达到世界第一。作为一名亚裔台球选手，这项荣誉来之不易。到目前为止，她已是女子花式九球项目的世界级偶像和符号。

黑色让她美丽，而苦难让她超越了美丽。

2. 生命中的悲剧，往往是喜剧的伏笔

破罐子也不是用来破摔的

　　这家人不穷，可是家里的一只盛水的瓦罐，一用就是好多年，老爷子一直舍不得扔掉。一次，他儿子倒水，一不小心把瓦罐掉在地上，瓦罐被摔出了一条长长的裂缝。他想，这下父亲该把瓦罐扔掉了吧。可是老爷子没有，而是把它好好地收了起来，说以后也许还能派上用场。

　　过了一段时间，老爷子在阳台上养了很多盆花，其中有一盆花长得特别艳丽。他儿子一看花盆，正是那只有裂缝的瓦罐。老爷子见儿子疑惑不解的样子，就说："瓦罐有了裂缝，不能用来盛水，但用来养花最合适。花盆里的水一旦多了，就会顺着裂缝自动地渗透出来，使花盆不至于积水，花也就有了一个良好的生长环境，所以长出来的花也就比其他的更艳丽了。"

　　不幸被摔破了的罐子，就像人生中的失误和失足，请你千万别"破罐子破摔"，只要用心珍惜，扬长避短，人生照样可以像花一样美丽。

你的缺点，同样可以是你的优点

广告界的朋友对于伯恩巴克一定不会陌生。他是国际广告界公认的一流广告大师，他曾经让甲壳虫在美国从滞销迅速登上进口车第一的宝座。关键之一就是把缺点当特点，把特点当卖点。

当时，在出租车行业，哈兹一直位居榜首，埃飞斯为了争夺老大不时与哈兹激烈厮杀。无奈实力相差太大，埃飞斯屡战屡败，连年亏损。针对这种情况，伯恩巴克说服埃飞斯公司放弃第一的角逐。起初，公司还不同意，毕竟，第一相对于第二名有无法比拟的优势。最明显的是具有相当高的号召力，凭借第一的定位无须花费太大努力就能够争取到不少顾客。

后来，埃飞斯还是被伯恩巴克说服，他们采用了"把缺点当特点，把特点当卖点"的策略——直接告诉公众我们是第二。他们的广告标题是：埃飞斯在出租车行业只是第二位，那为何要与我们同行？

广告正文：我们更努力。我们不会提供油箱不满、雨刷不好或没有清洗过的车子，我们力求最好。我们会为您提供一部新车和一个愉快的微笑———与我们同行，我们不会让您久等。

当时，在营销广告传播领域，这算是非常另类的广告。

因为不争第一也要争口气，没有人会公开承认自己不如人。伯恩巴克大胆的举措不仅是一个创意，更是对人性的充分把握和理解。

最简单的消费者逻辑：去埃飞斯不用排长队，服务态度好，因为人家更努力。果然，广告播出之后，立即引起了消费者的广泛关注和同情，产生了相当明显的效果。埃飞斯奇迹般地扭亏为盈。

优点和缺点总是同时存在的，可它们的呈现需要参照物。你不要掩盖自己的缺点，也不要因为缺点而自卑，因为缺点是可以转化的。聪明的人不但能清醒地认识它们，往往还能把缺点变成优点，巧妙地展现出来。某种情况下的缺点，换一个场景中可能就是优点了。

经得苦难，方得新生

老鹰是世界上寿命最长的鸟类，它的寿命可达70岁。但是，如果想要活那么久，它就必须在40岁时作出困难却重要的抉择。

当老鹰活到40岁时，它的爪子开始老化，不能够牢牢地抓住猎物；它的喙变得又长又弯，几乎能碰到它的胸膛；它的翅膀也会变得十分沉重，因为它的羽毛长得又浓又厚，使它在飞翔的时候十分吃力。在这个时候，它是不会选择等死的，而是选择经过一个十分痛苦的过程来蜕变和更新，以便继续活下去。

这是一个漫长的过程：它需要经过150天的漫长锤炼，而且必须努力地飞到山顶，在悬崖的顶端筑巢，然后停留在那里不再飞翔。

首先，它要做的是用它的喙不断地击打岩石，直到旧喙完全脱落，然后经过一个漫长的过程，静静地等候新的喙长出来。之后，还要经历更为痛苦的过程：用新长出的喙把旧指甲一根一根地拔出来，当新的指甲长出来后，它们再把旧的羽毛一根一根地拔掉，等待 5 个月后长出新的羽毛。

这时候，老鹰才能重新开始飞翔，从此可以再过 30 年的岁月。

对于老鹰来说，这无疑是一段痛苦的经历，但正是因为不愿在安逸中死去，正是对 30 年新生岁月的向往，正是对脱胎换骨后得以重新翱翔于天际的憧憬，燃起了它对新生活的渴望和改变自己的决心。想一想，我们自言主宰着地球，有时是不是连老鹰都不如？

我们的生命需要蜕变，每每苦难来袭，面临选择和放弃，我们都要有足够的勇气，改变自己，只有这样才能获得新生。

当你不再惧怕苦难时，你会对人生有更深一层的领悟，就是在这样一次次的领悟中，你会走出一个不平庸的人生。

那么多当时你觉得快要了你的命的事情，那么多你觉得快要撑不过去的打击，都会慢慢地好起来。就算再慢，只要你愿意等，它也愿意成为过去。而那些你暂时不能拒绝的、不能挑战的、不能战胜的、不能逆转的，就告诉自己，凡是不能杀死你的，最终都会让你变得更强！

每一次犯下错误，都要让自己有所领悟

一家大企业公开招聘，应聘者趋之若鹜。该公司把前来应聘的人安排在会议室分三天做三次考核。

2. 生命中的悲剧，往往是喜剧的伏笔

第一次考试，宋善录便以 99 分的成绩夺得魁首，而纪献凯则以 95 分的成绩名列第二。

第二次考试，试卷一发下来宋善录就愣住了——这次的试题竟然和上次一模一样！开始他还以为试卷发错了。不过招聘单位的监考人员一再强调，试卷绝对没有发错。既然如此，那就把答案再写一遍吧。宋善录也懒得去想，自信地把笔一挥，第一个交了卷。随后，其他考生也陆续把试卷交了。每个人脸上都露出自信的神情，每个人都觉得自己胜券在握。考试结果公布，宋善录仍以 99 分成绩排在第一位，而交卷最晚的纪献凯还是排在第二位，不过他的分数变成了 98 分。

第三次考试准时进行，卷子一发下来考生们就炸锅了，因为考题的内容还是一模一样。考生们对此非常不解，但招聘方一再强调，这就是公司的安排。如果觉得考试不合理，那么随时可以放下试卷走人。

都来到这里了，怎么说也没有就此退出的理由，考生们纷纷低下头去开始答卷。这次更简单了，绝大部分考生都和宋善录一样，根本不细看考题，"刷刷刷"就直接把前两次的答案给搬上去。半个小时左右的时间，考生们就把卷子纷纷交上去了。只有纪献凯仍在托腮敲头，冥思苦想。考试时间将近结束时，才将答卷交上去。

第三次考试的结果出来以后，宋善录长舒了口气。他还是以 99 分的成绩名列第一，只不过这次并没有独占魁首，纪献凯这次也考了 99 分，和他并列第一。不过，宋善录一点也不担心，毕竟自己前两次都是领先的。可是到招聘结果公布的时候，宋善录郁闷了：公司只录取了纪献凯一个人，他落选了。宋善录很不服气，直接来到人事部，理直气壮地质问人事经理："我三次都考了 99 分，三次都是第一名，为什么不录用我，而录用比我考核成绩差的人呢？你们这种考核公平吗？还是已经内定好了？"

人事经理严肃地说："我们是很看重应聘人员的考核成绩，但我们并没有向外许诺，谁的成绩最好就录用谁。考分，这只是录用的一个依据，而不是直接结果。你虽然每次都考了最高分，可是你每次的答案都一样，答错的那道题，只在第一次的试卷上看到过你思考的痕迹，其余两次你根本没想过把它做出来，而是直接跳过了。如果我们的员工都和你一样，面对难题时不是思考如何解决而是选择跳过，出现错误时不能改正而是逃避，那么公司迟早不是要被淘汰吗？我们需要的员工不单单要有才华，他更应该懂得反思，善于反思，能在错误中有所领悟的人才能有进步，员工有进步公司才能有发展。我们之所以用同一套试题对你们进行三次考核，不仅仅是要评估你们的知识水平，也是在测试你们的反思能力。很抱歉，在这一点上你没能达到我们公司的要求。"

虽然不能十全十美，但每一次都比上一次更好一些，这正是卓越之人成功的开端，也是他们成功的必然要素之一。"既然太阳也有黑点，人世间的事就不能没有缺陷。"人不犯错不现实，但要学会在错误中成长。

犯错，其实并不可怕，事实上，错误也是一种宝贵财富。因此，当错误出现在你身上的时候，不要为此感到过分沮丧，更不要因此就退缩不前，当然，最不能做的，是对错误视而不见。所谓"前事不忘，后事之师"，一旦犯了错，你要做的，就是总结教训，不让自己在同一个地方跌倒，保证自己下一次做得更好。

3.
每个人长大前都要过一段没人帮忙的日子，所有的事情都得自己撑

如果不经历狂风的吹打，风帆只是一块破布；如果不接受大海的咆哮，小船只是一块腐木；缺少独立的人，只拥有一个僵硬的壳，却没有一个完整的魂。

让别人帮你破茧，你永远成不了蝶

有个人凑巧看到树上有一只茧开始活动，好像有蛾要从里面破茧而出，于是他饶有兴趣地准备见识一下由蛹变蛾的过程。

但随着时间的一点点过去，他变得不耐烦了，只见蛾在茧里奋力挣扎，将茧扭来扭去的，但却一直不能挣脱茧的束缚，似乎是再也不可能破茧而出了。

最后，他的耐心用尽，就用一把小剪刀，把茧上的丝剪了一个小洞，让蛾出来可以容易一些。果然，不一会儿，蛾就从茧里很容易地爬了出来，但是那身体非常臃肿，翅膀也异常萎缩，耷拉在两边伸展不起来。

他等着蛾飞起来，但那只蛾却只是跌跌撞撞地爬着，怎么也飞不起来，又过了一会儿，它就死了。

飞蛾在由蛹变蛾时，翅膀萎缩，十分柔软；在破茧而出时，必须要经过一番痛苦的挣扎，身体中的体液才能流到翅膀上去，翅膀才能充实有力，才能支持它在空中飞翔。其实它痛苦的时候，也正是成长的时候，只是被那个无知的人无情地剥夺，造成了生命的脆弱。其实我们的人生也是如此，任何一种生存技能的锤炼，都需要经历一个艰苦的过程，任何妄图投机取巧减少努力的行为都是缺乏短见的。人世之事，瓜熟才能蒂落，水到才能渠成，与飞蛾一样，人的成长必须经历痛苦挣扎，直到双翅强壮后，才可以振翅高飞。

3. 每个人长大前都要过一段没人帮忙的日子，所有的事情都得自己撑

人不自助，天不佑护

一只住在山上的鸟与住在山下的鸟在山脚下相遇。山上的鸟说："我的窝刚搭好，参观参观吧。"山下的鸟便跟着去了，到那儿一看——什么鸟窝？不就是光秃秃的石缝里放着几根干草吗？

"看我的去。"山下的鸟带着山上的鸟来到一家富人的花园。

"看，那就是我的窝。"山上的鸟仰头望去，果然看到一只精致的木制鸟窝悬挂在紫荆树梢，那窝左右有窗，门面南而开，里面铺着厚厚的棉絮。

山下的鸟自豪地说："像我们这种鸟，有漂亮的羽毛，叫声又不赖。找个靠山是非常容易的。假如你愿意，以后我给你说说，搬这儿来住。"

山上的鸟没有回答，展翅飞走了，再没有回来。

不久后的一天，山上的鸟正在石缝窝里睡觉，听到门口有叫声，伸头一看，山下的鸟正狼狈地站在那儿。它身上的羽毛已不平整，哭丧着脸对山上的鸟说："富翁死了。他的儿子重建花园，把我的窝给拆了。"

人活着，有什么比依靠自己更长久？山下那只鸟依附在富翁家中，虽有一时的光鲜，却终敌不过石缝中的几根干草。所以说，与其依附他人，不如好好利用自身资源，求人往往需要付出很大代价，动用种种关系，比起向内求己，哪个成本更高？

人不自助，天不佑护。上天都不佑护的人，谁又能庇护得了？理想人格的锻造，有赖理想实现的过程。这个历经坎坷的过程只能由自己来完成。所以别总想着依附别人，因为即使是你的影子，也会在黑暗的时候离开你。依赖会使人陷入人生的枯井，再也跳不出来，那是你精神上的枯井，没有人能够帮助你。

你完全可以自食其力

一个乞丐来到一个人家门口，向正在浇花的女主人乞讨。女主人看了他一眼，说："我可以给你钱，但你要帮我把这堆砖搬到屋后面去。"乞丐一下生气了，他用左手指着自己的右边说："难道你没看见吗？我没有右手，你还叫我搬砖，如果你不想给钱就算了，何必故意刁难、羞辱我呢？"

女主人也不跟他多说，只用自己的左手拿了一块砖，搬到了屋后面，然后对乞丐说："你看到了，一只手照样能干活儿，我能做到，为什么你不能做到？少一只手不是可以乞讨的理由。"

乞丐大概是头一次听到这样的话，他一下愣住了，用异样的目光看着女主人。一会儿他便用仅有的一只左手搬起砖来，一次两块，整整花了两个小时他才把砖搬完。乞丐接过女主人给他的20元钱，很感激地说："谢谢。"女主人说："不用谢，这是你应得的工钱。"

一晃几年过去了，突然有一天，一个颇有气派，可只有一只手

3. 每个人长大前都要过一段没人帮忙的日子，所有的事情都得自己撑

的大老板来到女主人的家。这个大老板就是当年的那个搬砖的乞丐。不过，如今他可非同寻常了，他已经是一家大型公司的总裁，今天他是专程来感谢女主人的。他说："如果不是你当年警醒我，我现在可能还在乞讨生活，绝不会有今天的成就。"

你可能存在某些缺陷，但不要因此自甘堕落，要知道，那不是你放弃自己的理由，因为就算你只有一只独臂，照样可以搬砖。

依赖对于生命力而言是一种束缚，处处借助他人的力量去追求成功，就好比建在沙滩上的大厦，没有坚实的基础，一阵海浪过来，就会毁于一旦。

要飞翔，必须依靠自己的力量

一阵大风吹过，叶子脱离了树枝，飞向了天空。

"我会飞了！我会飞了！"叶子兴奋地大声叫嚷，"我可以飞上天了！"

叶子张扬地盘旋着，旋过一棵棵树，俯视着栖息在电线上的鸟儿。

"哈哈，我飞得比你们高。"叶子忘乎所以。

然而风突然停了，叶子失去了托力，逐渐坠落，最后落在一个小泥坑中，随即被过路的车轮碾过，粉身碎骨。

一只鸟感慨地对它的孩子说："看到了吧，如果不依靠自己的力量，风既可以把你吹上天，也可以让你落进烂泥潭，要飞翔，就必

须依靠自己的力量。"

是的，要飞翔，就必须依靠自己的力量。我们没有资格要求别人为自己做什么、奉献什么。实际上求人不如求己，父母兄弟也好，亲戚朋友也罢，虽说是我们生活中最亲近的人，但并不是我们生活的完全寄托者，脚下的路还得自己走，再多的苦也应该自己扛，谁也替代不了，谁也无法代替你去感受。

你的未来，还是需要你自己去努力

有个中国大学生，以非常优秀的成绩考入加拿大一所知名学府。初来乍到的他因为人地两生，再加上沟通存在一定障碍，饮食又不习惯等原因，思乡之情越发浓重，没过多久就病倒了。为了治病，他几乎花光了父母给自己寄来的钱，生活渐渐陷入困境。

病好以后，留学生来到当地一家中国餐馆打工，老板答应给他每小时10加元的报酬。但是，还没干到一个星期他就受不了了，在国内，他可从来没做过这么"辛苦"的工作，他扛不住了，于是辞了工作。就这样，他不时依靠父母的帮助，勉勉强强坚持了一个星期，此时他身上的钱已经所剩无几。所以在放假那会儿，他便向校方申请退学，急忙赶回了家乡。

当他走出机场以后，远远便看到前来接机的父亲。一时间，他的心中满是浓浓的亲情，或许还有些委屈、抱怨——他可从来没吃过这么多的苦。父亲看到他也很高兴，张开双臂准备拥抱良久不见

3. 每个人长大前都要过一段没人帮忙的日子，所有的事情都得自己撑

的儿子。可是，就在父子即将拥在一起的刹那，父亲突然一个后撤步，儿子顿时扑了个空，重重地摔倒在地。他坐在地上抬头望着父亲，心中充满了迷惑——难道父亲因为自己申请退学的事动了真怒？他伸出手，想让父亲将自己拉起，而父亲却无动于衷，只是语重心长地说道："孩子你要记住，跌倒了就要自己爬起来，这个世界上没有任何一个人会是你永远的依靠。你如果想要生存、想要比别人活得更好，只能靠自己站起来！"

听完父亲的话，他心中充满惭愧，他站起来，抖了抖身上的灰尘，接过父亲递给自己的那张返程机票。

他不远万里匆匆赶回家乡，想重温一下久违的亲情，却连家门都没有踏入便返回了学校。从这以后，他发愤努力，无论遇到多少困难、无论跌倒多少次，都咬着牙挺了过来。他一直记着父亲的那句话："没有任何一个人是你永远的依靠，跌倒了就要自己爬起来！"

一年以后，他拿到了学校的最高奖学金，而且还在一家具有国际影响力的刊物上发表了数篇论文。

别以为靠自己的力量不能将生命张扬，人生路上没有什么不可阻挡。别把太多的希望寄托在别人身上，没有人会永远保护你，父母终究会老去，朋友都会有自己的生活，所有外来的赐予必然日渐远离，所以我们要学着给自己温暖和力量，遇到困难不要灰心、不要抑郁，越是孤单越要坚强，生命的负重还要你来托起。

跳出精神的枯井

有一头倔强的驴，有一天，这头驴一不小心掉进一口枯井里，无论如何也爬不上来。他的主人很着急，用尽各种方法去救它，可是都失败了。十多个小时过去了，他的主人束手无策，驴则在井里痛苦地哀号着。最后，主人决定放弃救援。

不过驴主人觉得这口井得填起来，以免日后再有其他动物甚至是人发生类似危险。于是，他请来左邻右舍，让大家帮忙把井中的驴子埋了，也正好可以解除驴的痛苦。于是大家开始动手将泥土铲进枯井中。这头驴似乎意识到了接下来要发生的事情，它开始大声悲鸣，不过，很快地，它就平静了下来。驴主人听不到声音，感觉很奇怪，他探头向下看去，井中的景象把他和他的老伙伴都惊呆了——那头驴子正将落在它身上的泥土抖落一旁，然后站到泥土上面升高自己。就这样，填井运动继续进行着，泥土越堆越高，这头驴很快升到了井口，只见它用力一跳，就落到了地面上，在大家赞许的目光下，高兴地跑去找它的驴妹妹去了。

理想人格的锻造，有赖于理想实现的过程。这个历经坎坷的过程只能由自己来完成。所以别总想着依附别人，因为即使是你的影子，也会在黑暗的时候离开你。依赖会使人陷入人生的枯井，再也跳不出来，那是你精神上的枯井，没有人能够帮助你。

如果你陷入精神的枯井中，就会有各种各样的"泥土"倾倒在

3.每个人长大前都要过一段没人帮忙的日子，所有的事情都得自己撑

你身上，假如你不能将它们抖落并踩在脚底，你将面临被活埋的境地。不要在苦难中哀号，就像参加自己的葬礼一样，如果你还想绝处逢生，就要想方设法让自己从"枯井"中升上来，让那些倒在我们身上的泥土成为成功的垫脚石，而不是我们的坟墓。

告别痛苦的手只能由自己来挥动

第二次世界大战期间，一位名叫伊莉莎白·康黎的女士，在庆祝盟军于北非获胜的那一天，收到了国际部的一份电报：她的独生子在战场上牺牲了。

那是她最爱的儿子，是她唯一的亲人，那是她的命啊！她无法接受这个突如其来的残酷事实，精神接近了崩溃的边缘。她心灰意冷，万念俱灰，痛不欲生，决定放弃工作，远离家乡，然后默默地了此余生。

当她清理行装的时候，忽然发现了一封几年前的信，那是她儿子在到达前线后写的。信上写道："请妈妈放心，我永远不会忘记你对我的教导，不论在哪里，也不论遇到什么灾难，都要勇敢地面对生活，像真正的男子汉那样，用微笑承受一切不幸和痛苦。我永远以你为榜样，永远记着你的微笑。"

她热泪盈眶，把这封信读了一遍又一遍，似乎看到儿子就在自己的身边，用那双炽热的眼睛望着她，关切地问："亲爱的妈妈，你为什么不照你教导我的那样去做呢？"

伊莉莎白·康黎打消了背井离乡的念头，一再对自己说："告别痛苦的手只能由自己来挥动。我应该用微笑埋葬痛苦，继续顽强地生活下去。事情已经是这样了，我没有起死回生的能力改变它，但我有能力继续生活下去。"

后来，伊莉莎白·康黎写了很多作品，其中《用微笑把痛苦埋葬》一书颇有影响。书中这几句话一直被世人传诵着：

"人，不能陷在痛苦的泥潭里不能自拔。遇到可能改变的现实，我们要向最好处努力；遇到不可能改变的现实，不管让人多么痛苦不堪，我们都要勇敢地面对，用微笑把痛苦埋葬。有时候，生比死需要更大的勇气与魄力。"

其实，生活中，我们每个人都可能存在着这样的弱点：不能面对苦难与孤独。但是，只要坚强，每个人都可以接受它。假如我们拒不接受不可改变的情况，就会像个蠢蛋，不断做无谓的反抗，结果带来无眠的夜晚，把自己整得很惨。到最后，经过无数的自我折磨，还是不得不接受无法改变的事实。所以说，面对不可避免的事实，我们就应该学着像树木一样，坦然地面对黑夜、风暴、饥饿、意外与挫折。

再多的苦，只能自己来扛

一条小巷，一个女人，一小罐煤气，一张简单的操作平台，凑成了一道独特的风景。

3. 每个人长大前都要过一段没人帮忙的日子，所有的事情都得自己撑

她只卖三样小炒：尖椒肉丝，尖椒牛柳，尖椒炒鸡蛋，菜式单一，顾客却不少。

她很干净，每过一会儿就会换一下围裙，换一下袖套；她很雅致，每卖一份小炒，就在装菜的快餐盒里放上一朵自己雕刻的萝卜花。"这样装在盒子里的，才好看。"她说。

也许是冲着她的小摊干净，也许是冲着雅致的萝卜花，也许是冲着她长得好看，每到饭点，她的摊前都围满了人，6~10元一份的小炒，大家都耐心地等待着。女人娴熟地翻炒着，那样子就像一个贤惠的家庭主妇，整个过程都让人感到亲切和美丽。于是，一朵一朵素雅的萝卜花，就开到了人们的饭桌上。

女人是个有故事的人。她曾经有个富裕的家，老公在市中心的繁华街段开了一间商铺，生意很是不错，她原本的工作就是相夫教子，闲时和姐妹们逛逛街、旅旅游，生活过得轻松而惬意。然而很不幸，她的老公因为酒后驾驶出了事故，医院当场就下了病危通知。女人几乎倾尽所有，赔人家的钱，救自己的老公，最终也只是捡回了男人的半条命——他截肢了。

生活从此一贫如洗。年幼的孩子，瘫痪的男人，女人得一肩扛一个。有人曾劝女人带着孩子离开，这话就连她的老公也曾说过，她很认真地告诉他们，不要再说这样的话，无情无义的事情她做不到。

她不能出去工作，因为朝九晚五的制度让她无法照顾老公和孩子。她长得美丽，有人曾想让她做情人，她严词拒绝了。但一家人总不能就这样活活饿死吧。想了又想，她决定摆摊卖小炒，虽然会很累，虽然会让熟人看不起，但只要中午和傍晚两个饭点出来就可以了，她有更多的时间照顾家里那不能自理的两个人。

老公说，街上那么多家饭店，你这家庭主妇的手艺能卖得出去吗？女人一想，也是，总得有个让人记着的卖点吧？于是她想到了萝卜花，她从小手就巧，以前生活清闲，有大把的时间布置一顿雅致的晚餐，她总喜欢雕萝卜花做装饰。一根根再普通不过的胡萝卜、"心里美"萝卜，到了她的手里，就能开出一朵朵美丽的小花。女人为自己的这个小"创意"暗自欣喜了一番。

就这样，她的小摊子摆开了，而且很快成了这条街上的一道独特风景。街上的人如果不愿意做菜，自然而然就会想到她的萝卜花。她的生意就这样慢慢红火起来了。有人开玩笑地问女人，这么好的生意，攒了不少钱吧？她笑而不答。

不到两年的光景，女人竟出人意料地盘下了一家临街的饭店，用她积攒的钱。她在后厨配菜，她的瘫痪男人则在前台管账。她还是那样干净、雅致，所有的菜肴里依然会放上一朵她雕刻的萝卜花。

"菜不但是吃的，也是用来看的。"她说，眼波明亮，流光溢彩。一旁的男人，气色也好，丝毫不见颓废的样子。

女人的饭店，也渐渐出了名，提起萝卜花，大家都知道。

生活也许会让你陷入孤苦无助的低谷，但如果你能用自己的双肩把生活的苦扛起来，低谷中也能盛开美丽的萝卜花。

人，不要习惯地将自己的不幸归责于外界因素，不管外部的环境怎样，怎么活——那还是取决于我们自己。不要总是像祥林嫂一样反复地问自己那个无聊的问题："怎么会，为什么……"这样的自怨自艾就是在给自己的伤口上撒盐，它非但帮不了你，反而会让自己觉得命运非常悲惨，那种沉浸在痛苦中的自我怜悯，对我们没有任何好处。

3. 每个人长大前都要过一段没人帮忙的日子，所有的事情都得自己撑

让别人替你做决定，受害的终究是你自己

那时，她还是小女孩。有一次母亲带她一起整理鞋柜，鞋柜里脏乱不堪，有的鞋子已经变形和开裂得丑陋不堪，尤其是父亲的那双鞋，还散发着一种难闻的汗臭味，她便建议母亲扔掉那些鞋子。可母亲抚摸一下她的头发，说，傻丫头，这些鞋都是有特殊意义的。随后，母亲拿起一双浅口红皮鞋，满脸的幸福和温情，回忆起和她父亲的相识：

17岁那年，我遇到你父亲，拿不定主意是否嫁给他，我的母亲说，那就要他给你买双鞋吧，从男人买什么样的鞋就能看出他的为人。我有点不相信，直到他将这双红皮鞋送到我跟前。母亲说，红色代表火热，浅口软皮代表舒适，半高跟代表稳重，昂贵的鳄鱼皮代表他的忠诚，放心吧，这是一个真爱你的男人。

从那以后，她开始珍惜父母送给她的每一双鞋子，当她成为拉普拉塔大学法律系的一名学生时，她已经收藏了好多双不同款式的高跟鞋。而法律系有一个来自南方的青年，英俊潇洒，口才超群，悄然地走入她这位怀春少女的心田，终于在大三时两人捅破了相隔的那层纸，将同窗关系发展为恋爱关系。她陶醉在甜蜜的爱情之中，被这火热的感情所鼓舞，于是带着如意情郎去见父母。母亲对这个邮政工人的儿子能否给女儿的未来带来幸福表示怀疑，侧在女儿耳边轻轻对女儿说："让他给你买双鞋看看吧！"她觉得是个好主意，就照办了。

然而，傻乎乎的情郎不知是测试，想既然是为恋人买鞋就得尊重她的意见，硬拖着屡次推却的情人一起去。然而买鞋那天，平时喜欢滔滔宏论的她始终一声不吭，结果两人逛了大半天都毫无所获。最后，他们来到一家欧洲品牌鞋店，有两双白色皮鞋看上去不错，他知道意中人喜欢白色，于是柔声问她："你想要高跟的，还是平跟的？"她心不在焉地随口答道："我拿不定主意，你看哪双好呢？"他略加思索后，说："那就等你想好了再来吧！"于是，他拉着怏怏不乐的她，离开了。

几天后，他非常认真地问她："想好买哪双了吗？"她依然是漠不关心地说没有。熬着，熬着，这"木头"情郎终于"开窍"了，说出了她期待已久的话："那就只好让我替你做决定了！"她兴奋地等待了3天，终于等到了他的礼物，不过他吩咐她不要当面打开。

晚上，她将鞋盒抱回家，和母亲一起怀着激动的心情将礼物打开，出现在眼前的两只鞋居然是一只高跟一只平跟。她气得脸色发青，恨恨地咬着牙齿，"砰"的一声关上闺门，蒙在被子里号啕大哭起来。她的父亲也勃然大怒："明天约他来吃晚餐，看他如何解释，我女儿可不是跛子！"

第二天，他应邀登门，面对质问，却不慌不忙地说："我想告诉我心爱的人，自己的事情要自己拿主意，当别人做出错误的决定时，受害者就会是自己！"随后，他从包里拿出另外两只一高一矮的鞋子，说："以后你可以穿平跟鞋去看足球，穿高跟鞋去看电影。"父亲在女儿的耳边悄声而激动地说："嫁给他！"

"木头"情郎叫费尔兰多。2003年当选为阿根廷总统，而她就是第一夫人克里斯蒂娜·赞尔兰。2007年12月10日，克里斯蒂娜从卸任阿根廷总统的丈夫手中接过象征总统权力的权杖，成为阿根廷历史上第一位民选女总统，他们夫妇交接总统权杖，成为现代历史上第一例。

3. 每个人长大前都要过一段没人帮忙的日子，所有的事情都得自己撑

不要总是让别人替你做主，包括你的父母，因为一旦你为别人的看法所左右时，你已沦为别人的奴隶。永远只作自己的主人，这样才能做到自尊自爱。

当现实需要考验你内心的智慧时，记住，一定要去尝试自己想要尝试的东西。相信自己的直觉，不要让别人的答案扰乱你的计划。如果自己感觉很好，就跟着感觉走吧，否则你永远不会知道结局有多么美好。不要让别人的议论湮没你内心的声音，你的想法，和你的直觉。因为它们已经知道你的梦想，别的一切都是次要的。

你的一生只能由自己负责，而且是负全责

她的父母都是普通工人，但他们深知知识的重要性，所以对女儿寄予了极大的期望，而懂事的女孩也立志要考上一所好大学，给父母争口气。

然而不幸却毫无征兆地降临到这个家庭。她 6 岁那年，父亲在加夜班时被铁屑伤到了眼睛，左眼失明了；11 岁那年，父亲因肾积血手术摘掉了左肾，再也无法从事繁重的体力劳动；初一那年，母亲下岗了，家里唯一的经济来源就只是父亲每月的 200 元的工伤补助。对她来说，那段时间的天空都是灰色的，连空气似乎都变得特别压抑。这样的一个家，已经无力去重点培养孩子，她毅然决定：去打工，自己供自己上学！

她从同学那里借来 50 元钱，去批发市场进了一些小装饰品，准

备利用午休时间在校门口摆个小摊子。没想到，看似平常的事情到自己要做时，却是那么艰难。那天，她竟没有胆量从包里拿出货物。可是，如果这些饰品卖不出去，就连向人借来的 50 元钱都无法偿还了！

第二天中午，她选了一个离学校稍远一些的地方，摆好货物，却怎么也张不开嘴，喊不出来。好半天以后，有个同学走了过来，问她："这东西是卖的吗？"她急忙点了点头。那天，她赚了 1 毛钱，这是她赚到的第一个 1 毛钱。她深深体会到了父母的艰辛。

这个月，她一共赚了 80 多块钱，她用一部分钱买了一本向往已久的《百年孤独》。走出书店的那一刻，她觉得天是那样的蓝，空气中也充满了清新的味道。回到家以后，父亲吃惊地问她钱是从哪儿来的，她这才道出了实情。父亲什么也没说，但他的嘴角在不停地颤抖，他是在努力控制自己的情绪。一个星期以后，父亲开始在夜市上摆地摊卖货，他是在用行动无声地对女儿表示鼓励。

就这样，依靠着自食其力，她一直坚持没有辍学，并且以总分 600 分的好成绩，考上了哈尔滨工程大学。

这个女孩叫曹姝媛，18 岁时，她被批准加入中国共产党。她感恩社会，全心全意回报社会。2006 年大学毕业后，她把自己第一年积攒的 6000 元钱，捐助给了一位特困高考生。参加工作后，她先后被山东核电有限公司评为优秀共产党员和优秀共青团干部。

应该说曹姝媛是不幸的，因为不幸从小就纠缠着她；应该说曹姝媛也是幸运的，因为正是那些不幸让她认识了生活。

幸福与美好固然可爱，然而苦难与坎坷亦不可憎。如今太平盛世，相比先辈们，这一代人是幸运的，但在这幸运之中是否该有些忧患意识呢？不要让时代宠坏了我们，不要让自己越发脆弱。苦难中的奋斗也许是孤独无助的，但却能够锻造我们的意志品质和精神力量。

3. 每个人长大前都要过一段没人帮忙的日子，所有的事情都得自己撑

在人生的关键阶段，那些"逼迫"我们成长、成熟的人，才是真正为我们前途着想、真正爱护我们的人；那些"逼迫"我们成长、成熟的事儿，是我们的福、是我们的财富。道理很简单，没有人可以替你支撑一生，你的一生只能由自己负责，而且是负全责。

不放弃，就有希望

有个突然失去双亲的孤儿，生活过得非常贫穷，今年唯一能让他熬过冬天的粮食，就只剩下父母生前留下的一小袋豆子了。

但是，此刻的他，却决定要忍受饥饿。他将豆子收藏起来，饿着肚子开始四处捡拾破烂，这个寒冬他就靠着微薄的收入度过了。也许有人要问，他为什么要这么委屈或折磨自己，何不先用这些豆子充饥，熬过了冬天再说？

或许，聪明的人已经猜到了，原来整个冬天，在孩子的心中充满着播种豆苗的希望与梦想。

因此，即使这个冬天他过得再辛苦，他也不曾去触碰那袋豆子，只因那是他的"希望种子"。

当春光温柔地照着大地，孤儿立即将那一小袋豆子播种下去，经过夏天的辛勤劳动，到了秋天，他果然得到丰富的收获。

然而，面对这次的丰收，他却一点也不满足，因为他还想要得到更多的收获，于是他把今年收获的豆子再次存留下来，以便来年继续播种、收获。

就这样，日复一日，年复一年，种了又收，收了又种。

终于，孤儿的房前屋后全都种满了豆子，他也告别了贫穷，成为当地最富有的农人。

或许你一路走来真的很艰辛，其中的酸甜苦辣只有你自己知道，但只要你能做到"不抛弃，不放弃"，就会有希望。假如命运对你真的很不公平，它折断了你航行的风帆，那也不要绝望，因为岸还在；假如它凋零了美丽的花瓣，同样不要绝望，因为春还在；假如你的麻烦总是接踵而至，还是不要绝望，因为路还在、梦还在、阳光还在、我们还在。

战胜自己

有人问大师："大师，一个人最害怕什么？"

"你认为呢？"大师反问道。

"是孤独吗？"

大师摇了摇头："不是。"

"那是委屈？"

"也不是。"

"是绝望？"

"不是。"

困难、魔鬼、噩梦……这个人一连说了十几个答案，大师一直摇头。

3. 每个人长大前都要过一段没人帮忙的日子，所有的事情都得自己撑

"那大师您说是什么呢？"这个人实在不知道了。

"就是自己！"大师高深莫测。

"自己？"这个人抬起头，睁大了眼睛，好像明白了什么，又好像什么也没明白，直直地盯着大师，渴求点化。

"是的。"大师笑了笑，"其实你刚刚说的孤独、误解、绝望等，都是你自己内心世界的影子，都是你自己给自己的感觉罢了。你对自己说：'这些真可怕，我承受不住了。'你就真的会害怕。如果你告诉自己：'没什么好怕的，多大点事儿啊！'就没什么能够难得倒你。一个人若连自己都不怕，他还会怕什么呢？所以，使你害怕的其实并不是那些想法，而是你自己！"

这个人顿时如醍醐灌顶。

人这一生，是一趟没有回程的旅行，沿途既有数不清的坎坷泥泞，也有看不完的美丽风景。是泥泞，是风景，要看心情，心晴的时候，雨也是晴，心雨的时候，晴也是雨。

也许当前的状况无法改变，但我们至少可以调整心情；或许我们无法改变风向，但我们至少可以调整风帆——战胜了自己的心，你才能在人生旅程中走得从容。

给你胜利的，是你自己的理想、信念和毅力

他就像是传说中的天煞孤星一般。

孤独从他18岁就开始了。那一年他应征入伍，然后被分配到一

个孤岛上驻守，这里只有他一个人、一把枪、一只狗，除了定期开来的补给船，他连人的味道都闻不到。就这样的日子，他居然乐呵呵地过了3年。

随后，他被调了回来，慢慢从班长、排长一路干到营长。然而一个意外又让他回到了孤独的点上。他的妻子，忍受不了寂寞，丢下他和孩子去了远方。为了能够更好地照顾孩子，他转业离开了部队。

后来，他找了一份在深山老林里当护林员的工作，这也是一份非常孤独的差事，他半个月才回老家一次，看看老人，看看孩子。他经常从这座山爬到那座山也看不见一个人。

即便如此，老天还是跟他过不去——他寄居在乡下父母身边的儿子，因为贪玩溺亡了。两位老人被愧疚和丧亲之痛折磨着，不久也相继离世了。从此，他对山外似乎再也没有了牵挂，而山外的人们，又有谁会记得这样一个人呢？他在一年一年的孤独中老去。

三十多年以后，一辆从北京开来的电视采访车驶进了这座深山。原来，在看林子的这三十多年里，为了解闷，他看了许多植物学方面的书籍，平时在林子里巡护，他也会对照书上的图谱进行观察、研究。几个月前，他发现了一种国内外从未记载的珍稀植物，他把这种植物的照片和自己写的说明寄给了山外的战友，战友把它寄到了国外一家权威杂志，然后，发表了。

然而，当记者了解到他的人生经历以后，所震撼的已不再是他的重大发现，而是在这孤独得只能对着大山空语的日子里，他是怎样让自己一直活得如此生动的。

在记者抛出这个问题以后，他想了想，说："我总是自己和自己下棋，执白棋的是我，执黑棋的也是我。这样，不管是白棋赢还是黑棋赢，最终赢的人都是我。"

听者无不沉思、点头。

3. 每个人长大前都要过一段没人帮忙的日子，所有的事情都得自己撑

无论命运带来多少灾难，无论这一生是怎样的孤独，只要坚信自己就是胜利者，只要在孤独中从容地行走，别人，甚至命运，都无法否定你。给你胜利的，是你自己的理想、信念和毅力。

什么才是最靠得住的东西

从前，有一个小木匠，生了5个儿子以后，日子穷得没法过了，他带着家中唯一一件值钱的东西——一套木匠用的工具，出外谋生。一晃二十年过去了，昔日的小木匠成了老木匠，他的儿子们也长大成人了，老木匠也发了大财回来了。

发了大财的老木匠把五个儿子叫到跟前，对儿子们说："我这二十年在外闯荡，没有照顾过你们一天，苦了你们和你们那死去的娘。今天，为了弥补我对你们欠缺的爱，特地送给你们每一位一样特别又有用的厚礼。你们中有谁能猜得出那礼物是什么吗？"老大想也不想抢着答道："一定是好多好多的钱。谁不知父亲您在外面发了大财？""不是。钱再多，也有坐吃山空的时候。这礼物是世上最长久的东西。"老木匠提醒说。

老二回答说："父亲莫不是替我们兄弟几个买了官，让我们去做官，光宗耀祖，多威风！""不是。这礼物是世上最靠得住的东西。一个人当官能当一辈子吗？"老木匠问。

老三想了想说："父亲是不是给我们每位找了一位有权有势的靠山，来帮助我们呀？""更不是。"老木匠有点儿失望了。

老四不耐烦了，他着急地催促道："是什么宝贝快送给我们吧。"老五听了哥哥们的话，一声不吭地从屋里拿出父亲外出谋生时随身携带的那套木匠工具，对老木匠说："如果我没猜错的话，父亲应该是要教会我们谋生的本领吧。"老木匠欣喜万分。他欣赏地看了小儿子几眼，说："还是你最懂父亲的心。你已经拥有了智慧，现在让父亲来教你做木匠的本领吧。"老木匠把自己的木匠绝活传给小儿子，把钱财平均分给他的另外四个儿子。

　　老木匠死后，老大、老二、老三和老四相继花光了父亲分给的钱财，又恢复到原先一穷二白的境况，只有老五凭着一手远近闻名的木匠绝活，日子越过越滋润，成了有名的大富翁。

　　这个世界上没有谁是你真正的靠山，你真正可以依靠的只能是你自己，所以当人生遭逢苦难之时，不要一心只想着去找"救命稻草"，静下心来问问自己："我能做什么，我会因此而得到什么？"你的未来，还需要你自己去努力。

你才是自己的救世主

　　有一个年轻的农村小伙子，他很厌恶那种面朝黄土背朝天的生活。于是，他丢弃了原先的田地，独自来到城中闯荡。然而，他既没有学问，也没有技术，又好高骛远，所以几个月过去了，他始终没有找到一份合适的工作，而身上带的钱又花光了，最后不得不沦为了乞丐。

3. 每个人长大前都要过一段没人帮忙的日子，所有的事情都得自己撑

一天，已沦为乞丐的他听人说，城里住着一位大师，只要诚心去拜访他，他就能给你一个改变命运的秘诀。

于是，小伙子四处打听，终于找到了那位大师。小伙子来到大师家里，大师并没有因为他是乞丐而轻待他。相反，还礼貌地请他入座，并亲手给他倒上了一杯茶。然后，大师才微笑着问："我有什么能够帮助你的吗？"

小伙子十分感激大师的尊重，连忙说："您能告诉我一个改变命运的秘诀吗？我想变得富有起来。"

听完，大师略带疑惑地问："那你能告诉我，你为什么会沦为乞丐吗？"

这个小伙子顿感无比羞愧，他低下头喃喃说道："因为我厌倦了耕种，希望在城里找到一条发财的路子，然而一切并非像我想象的那样简单。"

大师不解地问："那你现在为什么不回到家里，重新开始呢？"

小伙子嗫嚅道："现在我都沦为乞丐了，还有什么面目回去呢？多丢人啊！"

大师又问："那你现在家里还有什么呢？"

小伙子回答说："除了我这个人！就是几亩早已荒芜的土地了。"

此时，大师点了点头，说道："这两个条件足以使你改变命运了。你回家去吧。"

然后，大师递给小伙子一包花籽，解释道："等你拉一马车花瓣来，我可以告诉你一个炼金的秘诀，而花瓣就是炼金所必需的引子。"

小伙子千恩万谢地离开了大师的居所，毫不犹豫地回到了乡下。他不知疲劳地劳作，那些荒芜的土地重新被开垦起来。然后，他把大师交给他的那些花籽播种在里面。

第一年，他只采得了一竹篓花瓣，因为他留下了大半花朵任其

成熟结籽。然后，继续扩大栽种。

　　第二年，他采集了满满一大马车晒制好的花瓣，来到城里。他再一次找到了大师，恳求说："炼金的引子，我已经弄来了，您可以告诉我秘诀了吗？"

　　大师看着那一马车晒制好的花瓣，颇为惊讶地说："这就是你炼出的金子呀！"

　　原来，这些花瓣是一种名贵的中药材。大师让他卖给城里的一些药铺。那些药铺见小伙栽种的药材成色好，而且价格还便宜，纷纷与他签订供货合同。

　　临走时，小伙子拿出很多钱来，欲送给大师，却被大师谢绝了。

　　小伙子异常感激地说："谢谢您，是您改变了我的命运，您是我的大恩人啊！"

　　大师却微笑着摇了摇头说："不要谢我，感谢你自己吧！如果你不肯付出努力，谁又能救得了你呢？"

　　这个世界上，很多人就像那个小伙子一样，一心等待别人的帮助，以为只有借助外力，才能够改变自己"悲惨"的命运。一如一些鱼儿，只是随波逐流，等待大自然的赐予，赐予它们丰盛的食物，全新的、安定的生活，可是它们等到的，却是沙滩上的搁浅，无力后退，生命风干。然而还有另一些鱼儿，它们一直在尝试改变命运，或是逆流而上跃过龙门，或是强化自己成为霸主，它们，才是大海真正的主人。

　　同样，你才是自己的救世主，如果你不肯付出努力，谁又救得了你？所以，当你自以为困难重重的时候，不要一直啜泣等待救世主的出现，因为你完全有能力改写自己的命运，你可以顽强地活下去，而且会活得更好。事实上，这个世界根本没有什么救世主，除了我们自己。

3. 每个人长大前都要过一段没人帮忙的日子，所有的事情都得自己撑

活在别人的同情与赐予里，是对自尊的彻底放弃

　　贝克先生走出办公大楼，身后突然传来"嗒……嗒……嗒……"的声音，很显然，那是盲人在用竹竿敲打地面探路。贝克先生愣了片刻，接着，他缓缓转过身来。

　　盲人觉察到前方有人，似乎突然矮了几公分，蜷着身子上前哀求道："尊敬的先生，您一定看得出我是个可怜的盲人吧？你能不能赏赐这个可怜人一点时间呢？"贝克先生答应了他的请求，"不过，我还有事在身，你若有什么要求，请尽快说吧。"他说。

　　片刻之后，盲人从污迹斑斑的背包中掏出一枚打火机，接着说道："尊敬的先生，这可是个很不错的打火机，但是我只卖2美元。"贝克先生叹了口气，掏出一张钞票递给盲人。

　　盲人感恩戴德地接过钞票，用手一摸，发现那竟然是张百元美钞，他似乎又矮了几公分："仁慈的先生啊，您是我见过最慷慨的人，我将终生为您祈祷！愿上帝保佑您一生平安！先生您知道吗？我并非天生失明，我之所以落到这步田地，都是拜15年前迈阿密的那次事故所赐！"

　　贝克先生浑身一颤，问道："你是说那次化工厂爆炸事故？"

　　盲人见贝克先生似乎很感兴趣，说得越发起劲："是啊，就是那一次，那可是次大事故，死伤好多人呢？！"盲人越说越激动："其

实我本不该这样的,当时我已经冲到了门口,可身后有个大个子突然将我推倒,口中喊着'让我先出去,我不想死',而且,他竟然是踩着我的身子跑出去的!随后,我就不省人事,待到我从医院中醒来,就已经变成了这个样子!"

谁知,贝克先生听完以后,口气突然转冷:"肖恩,据我所知事情并不是这样,你将它说反了!"

盲人亦是浑身一颤,半晌说不出一句话来。贝克先生缓缓地说:"当时,我也在迈阿密化工厂工作,而你,就是那个从我身上踏过去的大个子,因为,你的那句话,我这一生也忘不了!"

盲人怔立良久,突然一把抓住贝克先生,发出变调的笑声:"命运是多么的不公平!你在我身后,却安然无恙,如今又能出人头地,我虽然跑了出来,如今却成了个一无是处的瞎子!这灾难原本是属于你的,是我替你挡了灾,你该怎么补偿我?!"

贝克先生十分厌烦地推开盲人,举起手中精致的棕榈手杖,一字一句地说道:"肖恩,你知道吗?我也是个瞎子,你觉得自己可怜,但我相信我命由我不由天!"

遭遇相同,境遇却大相径庭。有人甘愿沦落,以落魄博取同情,有人自食其力,博得个满堂红。这便是"能人"与"懦夫"的区别。

为什么我们的两颗眼珠都是朝着前方?那是因为我们要多看看别人,不要只看自己。为什么我们的两只胳膊都朝里面弯?因为我们要多靠自己,尽量不要依赖别人。可是,有些自以为聪明的人往往违背了生命的本意,他们的两只眼睛总是盯着自己是否得到了什么,而两只胳膊又总是伸向别人,去要求、去索取,就像寄生虫一样地活着。更有甚者,甚至索性用卑微的态度去博取同情,用抱怨的话语去求得认同,事实上,你得到的不是同情与认同,而是越来越重的鄙夷。到最后,连你自己都会在这些负面的念头中彻底沉沦。

3. 每个人长大前都要过一段没人帮忙的日子，所有的事情都得自己撑

当你发现自己的那一天，就是你遇到圣人的时候

多年前，美孚石油公司董事长贝里奇到开普敦巡视工作，在卫生间里，他看到一位黑人小伙子跪在地板上擦水渍，并且每擦一下，就虔诚地叩一下头。贝里奇感到很奇怪，问他为什么要这样做？黑人小伙子回答说，他正在感谢一位圣人。

贝里奇为自己的下属公司拥有这样的员工感到欣慰，接着又问他为何要感谢那位圣人？黑人小伙子说，是圣人帮他找到了这份工作，使他终于有了饭吃。

贝里奇笑了，对他说："我曾遇到一位圣人，他使我成了美孚石油公司的董事长，你愿见他一下吗？"

黑人小伙子感激地说："我是个孤儿，从小靠锡克教会养大，我很想报答养育过我的人，这位圣人若使我吃饭之后还有余钱，我愿去拜访他。"

贝里奇告诉他："在南非有一座很有名的山，叫大温特胡克山。那上面住着一位圣人，能为人指点迷津，凡是能遇到他的人都会前程似锦。20年前，我去南非登上过那座山，正巧遇到他，并且得到他的指点。假如你愿意去拜访，我可以向你的经理说情，准你一个月的假。"

这位黑人小伙子在30天的时间里，一路披荆斩棘，风餐露宿，

过草甸，穿森林，历尽艰辛，终于登上了白雪覆盖的大温特胡克山，他在山顶上徘徊了一天，除了自己，什么都没有遇到。

黑人小伙很失望地回来了，他遇到贝里奇后，说的第一句话是："董事长先生，一路我处处留意，直到山顶，我发现，除我之外，根本没有什么圣人。"

贝里奇说："你说得很对，除你之外，根本没有什么圣人。"

20年后，这位黑人小伙做了美孚石油公司开普敦分公司的总经理，他的名字叫贾姆纳。

当你发现自己的那一天，就是你遇到圣人的时候。这个世界上，有谁会在看穿你的软弱之后，一直默默替你坚强着？不要叹息，世界就是这么现实，只有强者才能适应它的规则。人，总要学着自己长大，然后再学会那些所谓的坚强，最后才能实现自己的梦想，我们只有让自己的内心真正强大起来，才不会让别人看到你的软弱。

4.
困住我们的并不是门槛

成功产生在那些具有成功意识的人身上,而失败的根源在于人们不自觉地认为自己会失败。努力过后,很多事情都是自然而然的。

你想要的成功到底有多难

多年前,一位韩国学生到剑桥大学进修心理学课程。在喝下午茶的时候,他常到学校的咖啡厅或茶座室听一些成功人士聊天。这些成功人士包括:诺贝尔奖获得者、某一些领域的学术权威,以及一些创造了经济神话的人,这些人幽默风趣,举重若轻,都把自己的成功看得非常自然和顺理成章。久而久之他发现,在韩国国内时,他被一些成功人士欺骗了。那些人为了让正在创业的人知难而退,普遍把自己创业时的艰辛夸大了,也就是说,他们在用自己的成功经历吓唬那些还没有取得成功的人。

作为心理系的学生,他认为很有必要对韩国成功人士的心态加以研究。于是,他把《成功并不像你想象的那么难》作为毕业论文,提交给现代经济心理学的创始人威尔·布雷登教授。布雷登教授阅读以后,大为惊喜,他认为这是个新发现,这种现象虽然在东方甚至在世界各地普遍存在,但此前还没有一个人大胆地提出来并加以研究。惊喜之余,他写信给他的剑桥校友——当时韩国政坛第一人——朴正熙。他在信中说:"我不敢说这部著作对你有多么大的帮助,但我敢肯定它比你的任何一个政令都能产生震动。"

后来这本书果然伴随着韩国的经济起飞了。这本书鼓舞了许多人,因为它从一个新的角度告诉人们:成功与艰难困苦联系不大,而事实上,只要你对某一事业感兴趣且你在这方面不是白痴,那么持之以恒就会成功，因为上帝赋予你的时间和智慧足够你圆满地做完一件事情了。后来，这位青年也获得了成功，他成了韩国泛业汽车公司的总裁。

这才是事实的真相！成功虽然不是什么轻而易举的事，但也不一定非要"上刀山，下火海"，那些将成功难度无限夸大的人物及文字，显然带着某种目的，你可以去参考，但不要迷信，因为成功最主要的一点就是——当你看清楚一件事情的意义以后，踏踏实实、持之以恒、锲而不舍地去做，直到它成为你想要的样子。

其实人生中的许多事，只要想做我们都能做到，该克服的困难就去克服，想克服就能克服，用不着什么心计或谋略，只要你仍旧实际却又不乏激情地活着，你终会发现，努力过后，很多事情都是自然而然的。

一个健全的心态比一百种智慧更有力量

英国某报纸刊登了一张查尔斯王子与一位流浪汉的合影。这个面容憔悴、神志萎靡的流浪汉不是别人，他是查尔斯王子曾经的校友克鲁伯·哈鲁多。在一个寒冷的冬天，查尔斯王子拜访伦敦的穷人时，这个流浪汉突然说道："王子，我们曾经在同一所学校读书。""那是什么时候？"查尔斯王子反问道。流浪汉回答："在山丘小屋的高等小学，我们还曾经互相取笑彼此的大耳朵呢！"

原来，这个名叫克鲁伯·哈鲁多的流浪汉曾经有个显赫的家世，他的祖辈、父辈都是英国知名的金融家，他年幼时的确与查尔斯王子就读于同一所贵族学校。后来，他成了一个声誉不错的作家，并加入了英国成功者俱乐部。直到这个时候，应该说克鲁伯·哈鲁多都是让很多人羡慕嫉妒恨的。那么他为何会落魄到今天这个境地？原来，在遭遇两度婚姻失败后，克鲁伯开始酗酒，最后由一位作家变成了流浪汉。但事实上，克鲁伯是被失败的婚姻打败的吗？显然不是，打败他的俨然就是他的心态，从他放弃积极正面心态的那一刻起，他就已经输掉了自己的一生。

类似的情况在我们很多人的身上都有过发生，而且绝对有很多人就像这个流浪汉一样，不是被挫折打败，而是让自己毁于心态。由此可见，从根本上决定我们生命质量的并不是金钱，也不是权力、不是家世，甚至不是知识、不是学历，也不是能力，而是心态！一个健全的心态比一百种智慧更有力量。一个且歌且行，朝着自己目标永远前进的人，整个世界都会给他让路。

换一种观念才会进步

一个木匠，造一手好门，他费了多日给自家造了一个门，他想这门用料实在、做工精良，一定会经久耐用。

后来，门上的钉子锈了，掉下一块板，木匠找出一个钉子补上，门又完好如初。后来又掉下一颗钉子，木匠就又换上一颗钉子；后来，又一块木板朽了，木匠就又找出一块板换上；后来，门闩坏了，木匠就又换了一个门闩；再后来门轴坏了，木匠就又换上一个门轴……于是若干年后，这个门虽然无数次破损，但经过木匠的精心修理，仍坚固耐用。木匠对此甚是自豪，多亏有了这门手艺，不然门坏了还不知如何是好。

忽然有一天邻居对他说："你是木匠，你看看你们家这门。"木匠仔细一看，才发觉邻居家的门一个个样式新颖、质地优良，而自己家的门却又老又破，长满了补丁。于是木匠很是纳闷，但又禁不住笑了："是自己的这门手艺阻碍了自己家门的发展。"于是木匠一阵叹息："学一门手艺很重要，但换一种观念更重要，行业上的造诣是一笔财富，但也是一扇门，能关住自己。"

当一个人形成了某一根深蒂固的习惯方式之后，换一种观念是非常重要的。由于商业上的激烈竞争、文化上的普遍革新、科学上的不断发明，当今世界上的任何事物都与10年前大不一样了。如果一个人所知所思仍然是10年前的东西，那么在现代世界里，根本就没有他的容身之地。比如，一个打算经商的中年男人，在10年前他只要会写、会算、会接待顾客就可以了，但现在他非得张大眼睛来看更多其他的形势不可。比如，社会发展的态势、流行的时尚、文化科学等方面的进展，都是他应该密切关心的。

留恋过去对现在的生活没有一点帮助。一个人最要紧的就是顺应时代的潮流，不要让别人说你是一个"落伍者"。人只有赶得上潮流，才会在不知不觉中得到巨大的进步。

人的意识具有操纵人类命运的巨大能力

一位长跑运动员参加一个五人小组的比赛,赛前教练对他说:"据我了解,其他4人的实力并不如你。"

于是,这名运动员轻松地跑了第一名。后来教练又让他参加了一个十人小组的比赛,教练把平时其他人的成绩拿给他看,他发现别人的成绩并不如自己,他又轻松跑了第一名。

再后来,这个运动员又参加了20个人的小组比赛,教练说:"你只要战胜其中的一个人,你就能取得胜利。"结果,比赛中他紧跟着教练说的那个运动员,并在最后冲刺时,又取得了第一名。

后来,换了一个地方,赛前,关于其他运动员的情况,教练并没和他沟通过,在五人小组的比赛中,他勉强拿了第一名,后来十人小组的比赛中,他滑到了第二名,二十人的比赛中,他仅仅拿了第五名。而实际的情况是,这次各个组的其他参赛运动员,同第一次的水平完全相同。

生活中的我们往往就是这样,总是给自己安排着一个较低的位置,导致原本不错的潜质挖掘不出来,最后一步步从优秀走向了平庸。人,还是应该高看自己一眼,高看自己一眼并不是说要孤标傲世,而是给自己设定一个可行又不乏高远的目标,刺激自己把握好人生的每一步,并一步步向着更高的目标推进。

人的意识具有操纵人类命运的巨大能力。如果意识中有一个目标，人就会为实现这个目标而行动起来；如果意识中有一个指令，人就会认真执行这个指令。所以说，一个人想着成功，就可能成功；想着失败，就会失败。一个人期望得多，获得的也多；期望得少，获得的也少。成功产生在那些具有成功意识的人身上，而失败的根源在于人们不自觉地认为自己会失败。

最伟大的成就在最初的时候也只是一个想法

　　一个叫辛迪的美国家庭主妇，觉得自己的房子太小，住着很不舒服，于是她决定依靠自己的力量，在3年内购买一栋600平方米的房子。对一个家庭主妇来说，这实在是一个不大可能实现的规划。

　　辛迪决定写一本畅销书，卖到100万本。她把这个点子告诉老公，却换来一顿嘲笑。

　　辛迪想：别人可以做到的事，我一定也做得到。她不断地告诉自己：我一定会成功，我的书在3年之内一定会卖到100万本，财富会大量涌来，所有的机遇之门都会为我打开。在这样的自我确认下，辛迪开始行动。

　　辛迪觉得自己这本书的市场在于女性。她发现女性的工作压力比较大，或者因不被先生了解而苦闷，她想给她们带来一些快乐，这样她们就会把书介绍给周围的朋友。辛迪觉得她的读者们通常会去超级市场、美容院等地方，所以专门打电话给超级市场的采购员以及美容院的老板。

她很直接地向别人推销自己的书："我是某某作家，我最近出了一本书，一定会成为畅销书。我相信这本书摆在你的超级市场，摆在你的服装店，摆在你的美容院，应该会帮你赚不少的钱。"她说，"我将寄一本样书给你，一个礼拜之后，我会再打电话给你。"

辛迪的厉害之处在于，她从来不问别人："你到底有没有兴趣购买？"而是直接就问："你要订购多少本？"

一个礼拜之后，她打电话问："我是辛迪，你看过我的书没有？你准备订购5000本还是10000本？"

对方说："辛迪，你可能不了解，我们这个超级市场从来没有订过任何一本书超过2500本。"

辛迪说："过去等不等于未来？"

对方说："不等于。"

"所以总有一个开始，你准备订购5000本还是10000本？"

对方说："那……我订4000本好了。"

第一笔生意就这样成交了。

辛迪打电话问第二个人："我是辛迪，你收到我的书没有？你即将订10000本还是20000本？"

对方说："你的书很幽默，我和同事都很欣赏。但我们订书从来没有订过这么大的量，我订购4000本好了。"

辛迪说："你简直在侮辱我，你才订购4000本？像你这么大的连锁店你订4000本？你不止侮辱我，还在侮辱你自己，难道连你都不相信你的连锁店卖得出去吗？"

对方吓了一跳，问："一般人订购多少本？"

辛迪说："10000到20000本。"

对方被她说服了："那我订12000本！"

之后，辛迪又卖书给军队。

对方告诉辛迪："我们这里的人是不会有兴趣的，我们这里都是

4. 困住我们的并不是门槛

男人，你不可能在我们这个地方销售任何书。"

辛迪问："请问你上司是谁？"

"不，我上司也不可能买！"辛迪不要听"No"，她要听的是"Yes"，她说："把这本书交给你上司，我下个礼拜打电话找你上司，我不找你了。"

结果一个礼拜之后，对方打电话来说："辛迪，我的上司说，我们决定订购 4000 本。"因为他的上司是女的，她想："天天被男士兵这样整，我现在弄一本书来整你们。"

不管多少人对你说"No"，都不重要，重要的是找到下一个说"Yes"的人。这是辛迪得到的一个经验。

她的书从来没在任何一家书店卖过，完全是自己一个人在卖。依靠不屈不挠的信念和巧妙的推销手段，辛迪的书卖出了整整 140 万本！之后她又写了好几本书，都很畅销。到这个时候，辛迪要实现的愿望，已经不是买一栋大房子那么简单了。

最伟大的成就在最初的时候只是一个想法，但想法能决定我们未来的状况。也许，你现在的环境并不很好，但你只要有想法并为之而奋斗，那么，你的环境就会改变，梦想就会实现。

多数时候，"不可能"只是懒惰者和懦弱者的借口，是人们主观上对希望的放弃和对自身潜力的限制。其实，生活中，很多人不是没有想法，而是缺乏实现的胆量。到了一定的年纪，他们不敢接受改变，与其说是安于现状，不如坦白一点，那是没有勇气面对新环境可能带来的挫折和挑战。这些人最终只会是一事无成！

如果你只追求最好的，你经常能得到最好的

　　因为工作原因，菲菲经常要到外地出差，国内的铁路运输状况大家也知道，她经常买不到有座位的车票。可是无论长途短途，无论车上多挤，菲菲总能找到座位。这是怎么回事？

　　这件事说穿了其实很简单：菲菲总是耐心地一节车厢一节车厢找座位。这个办法看上去并不怎么高明，但确实很管用。每次，菲菲都做好了从第一节车厢走到最后一节车厢的准备，每次她都无须走到最后。

　　这是因为像菲菲这样耐着性子找座位的乘客实在寥寥无几。往往是在她找到座位的车厢里尚余若干余座，而在其他车厢的过道和车厢接头处则拥挤不堪，甚至连卫生间里都站了人。其实，大多数乘客都是轻易就被一两节车厢人满为患的假象所迷惑了，没有意识到，在一次又一次的停靠之中，火车十几个车门上上下下的流动中蕴藏着不少提供座位的机遇。在这，就算想到了，大多数人也没有那一份找下去的耐心。此时脚下小小的立足之地已经让他们满足了，他们又担心万一找不到座位，回头连个站着舒服一点的地方也没有了。

　　不愿主动找座位的乘客往往只能一直站到下车，这就像是那些安于现状害怕失败的人一样，永远只停留在生活的混沌阶段。相反，如果你去追求最好的，那你经常会得到最好的。

4. 困住我们的并不是门槛

我们之所以懦弱，是因为我们把困难看得太清楚了

一天，几个学生向一位著名的心理学家请教：心态对一个人会产生什么样的影响？他微微一笑，什么也不说，就把他们带到一间黑暗的房子里。在他的引导下，学生们很快就穿过了这间伸手不见五指的神秘房间。接着，心理学家打开房间里的一盏灯，在这昏黄如烛的灯光下，学生们才看清楚房间的布置，不禁吓出了一身冷汗。原来，这间房子的地面就是一个很深很大的池子，池子里蠕动着各种毒蛇，包括1条大蟒蛇和3条眼镜蛇，有好几条毒蛇正高高地昂着头，朝他们"滋滋"地吐着芯子。就在这蛇池的上方，搭着一座很窄的木桥，他们刚才就是从这座木桥上走过来的。

心理学家看着他们，问："现在，你们还愿意再次走过这座桥吗？"大家你看看我，我看看你，都不作声。过了片刻，终于有3个学生犹犹豫豫地站了出来。其中一个学生一上去，就异常小心地挪动着双脚，速度比第一次慢了好多倍；另一个学生战战兢兢地踩在小木桥上，身子不由自主地颤抖着，才走到一半，就挺不住了；第三个学生干脆弯下身来，慢慢地趴在小桥上爬了过去。

"啪"，心理学家又打开了房内另外几盏灯，强烈的灯光一下子把整个房间照耀得如同白昼。学生们揉揉眼睛再仔细看，才发现在小木桥的下方装着一道安全网，只是因为网线的颜色极暗淡，他们

刚才都没有看出来。心理学家大声地问："你们当中还有谁愿意现在就通过这座小桥？"学生们没有作声，"你们为什么不愿意呢？"心理学家问道。"这张安全网的质量可靠吗？"学生心有余悸地反问。

心理学家笑了："我可以解答你们的疑问了，这座桥本来不难走，可是桥下的毒蛇对你们造成了心理威慑，于是，你们就失去了平静的心态，乱了方寸，慌了手脚，表现出各种程度的胆怯——心态对行为当然是有影响的啊。"

其实人生何尝不是如此？当我们面对各种挑战的时候，失败的原因往往不是因为势单力薄，不是因为智能低下，也不是没有把整个局势分析透彻，而是因为把困难看得太清楚了、分析得实在太透彻、考虑得实在太详尽，最终是被困难吓倒了，感觉自己举步维艰。人们常说："知己知彼，百战不殆。"这是为了给自己多加几成胜算，但他绝对不能成为阻碍自己成功的障碍。其实有的时候，战胜恐惧就是战胜自己，只要拿出自己的勇气去做，也许那些缠绕在心中的恐惧就烟消云散了。

要诚实看待自己，但不要因此看轻自己

经济学博士、拥有14家上市公司、拥有极高经济才能的亿万富翁艾尔宾·菲特纳先生有个下属，深通说服之术，而且，他对于自己所销售的商品非常有信心，所以再有难度的业务，他也能谈成功。在进入公司很短的时间内，就已展现了极其惊人的业务能力和

4. 困住我们的并不是门槛

相应的成绩。菲特纳先生破例地除了周薪之外，另外发给他一笔800美元的奖金。当天，那人高兴地回家了。不料第二天却来了个翻天覆地的变化，令菲特纳先生十分震惊，因为那人竟然对菲特纳先生说：

"董事长，昨晚我和妻子长谈了一夜。因为上周我的业绩有很多运气成分，我想，运气不会总这么眷顾我的，我太太也很担心，万一这星期我连一份契约都签不到，那该怎么办？她甚至担心得哭了起来。所以，我想和你商量收回本周的奖金，不要按件计酬，能不能固定每周给我300美元的周薪？当然，以后我还是会和上周一样努力工作的。因为我认为，我是有家室的人，安定的生活是最重要的……"

后来，菲特纳先生针对这个问题，以毫不犹豫的口吻说：

"当然要开除他！一个对自己的能力毫无自信的人，迟早是会失败的。他努力工作，只是想要过安定的生活。而事实上，他具备了能够给自己保证的一切能力，却只为了'安定'，要求较低的报酬。除此之外，并无其他。不要为了退休后少许的退休金而迷惑，要有一种激情般的内心去迎接所遭遇的一切挑战。"

认识自己的缺点是很好的，可借此谋求改进。但如果仅认识自己的消极面，就会陷入混乱，对自己毫无信心，觉得自己毫无价值。要诚实、全面地认识自己，决不要看轻自己。

过分高估自己的能力，以盲目自大的态度去做事，注定会碰个头破血流；同样，过分低估自己的能力，遇事总是战战兢兢，会让自己因丧失机会而取得的实际成就比你应该达到的大大缩水。

每个人都有惊人的潜力，就看你是否愿意唤醒它

有一位双腿残疾的青年人在长途汽车站卖茶叶蛋。由于他表情呆滞、衣衫褴褛，过往的旅客都错将他当成了乞丐，一上午过去，茶鸡蛋没卖出几个，脚下却堆起了不少的零钱。

那天有一位西装革履的商人打此经过，与众人一样，他随手丢下一枚硬币，然后毫不停留地向候车室方向走去。但没走上几步，商人突然停住，继而转身来到残疾青年面前，拣了两个茶叶蛋并连连道歉："对不起，对不起，我误把您当成了乞丐，但其实您是一个生意人。"

望着商人逐渐远去的背影，残疾青年若有所思。

3年以后，那个商人再次经过这座车站，由于腹中饥饿，便走进附近一家饭馆，要了一碗云吞面。付账时，店主突然说道："先生，这碗面我请你。"

"为什么？"商人大感不解。

"您不记得了？我就是3年前卖给您茶叶蛋的'生意人'。"他有意加重了"生意人"三个字的发音。

"在没遇到您之前，我也把自己当成乞丐，是您点醒了我，让我意识到自己原来是个生意人。你看，我现在成了名副其实的生意人。"

大家看，其实每个人都拥有惊人的潜力，就看我们是否愿意唤醒它。事实是，如果你将自己看得一文不值，那你或许就只能做个

4. 困住我们的并不是门槛

乞丐；若是把自己看作是"生意人"，你就一定可以成为"生意人"。是蜷缩在阴暗的角落拣拾残羹剩饭，还是坐在明亮的写字楼中调兵遣将，全在你的一念之间。如果我们能够将"自卑"、"自毁"从自己的字典中挖出去，我们的潜能就一定会被激发出来。但更重要的是，我们要善于发现自己，而不是等着别人来发现。

许多不可能都只是存在于人们的假想之中

　　1英里赛跑，当第一个职业运动员跑过4分钟后，全世界所有运动专家、生理学家都断言：4分钟跑1英里是人类的极限，不可能有人突破。但是，一个名不见经传的教练，用并不复杂的方法，最先帮助一位业余运动员突破了这个限制。他把1英里分成8等份，根据选手体能，计算出通过每等份应该用的时间。然后在每个等份处都有一个小教练掐秒，报告给运动员："太快了，悠着点儿！""慢了，该加油冲了！"有意思的是，这个最早突破"极限"的人竟然是个医学院学生！此后，所有职业运动员都能突破这个所谓"生理极限。"

　　还有这样一件事。有个中学生，一次在数学课上打瞌睡，下课铃声把他惊醒，他抬头看见黑板上留着两道题，就以为是当天的作业。回家以后，他花了整夜时间去演算，可是没结果，但他锲而不舍，终于算出一题。那天，他把答案带到课堂上，连老师都惊呆了，因为那题本来已被公认无解。假如这个学生知道的话，恐怕他也不会去演算了，不过正因为他不知道此题无解，反而创造出了"奇迹"。

这都是真实发生过的故事。可以看出，不是环境也不是遭遇能够决定人的一生，而是看人的心处于何种状态，这就决定着一个人的现在也决定着他的未来。

审视曾经的失败你会发现：原来在还没有扬帆起航之前，许多的"不可能"就已经存在于我们的假想之中。现在你明白了，很多失败不是因为"不能"，而是源于"不敢"。不敢，就会带来想象中的障碍。

梦想越高，人生就越丰富

几年以前的一个炎热的日子，一群人正在铁路的路基上工作，这时，一列缓缓开来的火车打断了他们的工作：火车停了下来，最后一节车厢的窗户——这节车厢是特制的并且带有空调——被人打开了，一个低沉的、友好的声音响了起来："大卫，是你吗？"大卫·安德森——这群人的负责人回答说："是我，吉姆，见到你真高兴。"于是，大卫·安德森和吉姆·墨菲——铁路公司的总裁，进行了愉快的交谈。在长达1个多小时的愉快交谈之后，两人热情地握手道别。

大卫·安德森的下属立刻包围了他，他们对于他是墨菲铁路公司总裁的朋友这一点感到非常震惊！大卫解释说，二十多年以前，他和吉姆·墨菲是在同一天开始为这条铁路工作的。

4. 困住我们的并不是门槛

其中一个人半认真半开玩笑地问大卫，为什么他现在仍在骄阳下工作，而吉姆·墨菲却成了总裁。大卫非常惆怅地说："23 年前我为 1 小时 1.75 美元的薪水而工作，而吉姆·墨菲却是为这条铁路而工作。"

美国潜能成功学大师安东尼·罗宾说："如果你是个业务员，赚 1 万美元容易，还是赚 10 万美元容易？告诉你，是 10 万美元！为什么呢？如果你的目标是赚 1 万美元，那么你的打算不过是能糊口罢了。如果这就是你的目标与你工作的原因，请问你工作时会兴奋有劲吗？你会热情洋溢吗？"

卓越的人生是梦想的产物。可以说，梦想越高，人生就越丰富，达成的成就就越卓绝。相反，梦想越低，人生的可塑性就越差。也就是人们常说的："期望值越高，达成期望的可能性越大。"

一个具有远大梦想的人，毫无疑问会比一个根本没有目标的人更有作为。有句苏格兰谚语说："扯住金制长袍的人，或许可以得到一只金袖子。"那些志存高远的人，所取得的成就必定远远离开起点。即使你的目标没有完全实现，你为之付出的努力本身也会让你受益终身。

空想只会通向平庸，而绝不是成功

多年前，英国一座偏远的小镇上住着一位远近闻名的富商，富商有个 19 岁的儿子叫希尔。

一天晚餐后，希尔欣赏着深秋美妙的月色。突然，他看见窗外的街灯下站着一个和他年龄相仿的青年，那青年身着一件破旧的外套，清瘦的身材显得很羸弱。

他走下楼去，问那青年为何长时间地站在这里。

青年满怀忧郁地对希尔说："我有一个梦想，就是自己能拥有一座宁静的公寓，晚饭后能站在窗前欣赏美妙的月色。可是这些对我来说简直太遥远了。"

希尔说："那么请你告诉我，离你最近的梦想是什么？"

"我现在的梦想，就是能够躺在一张宽敞的床上舒服地睡上一觉。"

希尔拍了拍他的肩膀说："朋友，今天晚上我可以让你梦想成真。"

于是，希尔领着他走进了富丽堂皇的别墅。然后将他带到自己的房间，指着那张豪华的软床说："这是我的卧室，睡在这儿，保证像天堂一样舒适。"

第二天清晨，希尔早早就起床了。他轻轻推开自己卧室的门，却发现床上的一切都整整齐齐，分明没有人睡过的样子。希尔疑惑地走到花园里。他发现，那个青年人正躺在花园的一条长椅上甜甜地睡着。

希尔叫醒了他，不解地问："你为什么睡在这里？"

青年笑笑说："你给我这些已经足够了，谢谢。"说完，青年头也不回地走了。

20年后的一天，希尔突然收到一封精美的请柬，一位自称"20年前的朋友"的男士邀请他参加一个湖边度假村的落成庆典。

在这里，他不仅领略了眼前典雅的建筑，也见到了众多社会名流。接着，他看到了即兴发言的庄园主。

"今天，我首先感谢的就是在我成功的路上，第一个帮助我的

4. 困住我们的并不是门槛

人。他就是我20年前的朋友——希尔。"说着，他在众多人的掌声中，径直走到希尔面前，并紧紧地拥抱他。

此时，希尔才恍然大悟。眼前这位名声显赫的大亨欧文，原来就是20年前那位贫困的青年。

酒会上，那位名叫欧文的"青年"对希尔说："当你把我带进寝室的时候，我真不敢相信梦想就在眼前。那一瞬间，我突然明白，那张床不属于我，这样得来的梦想是短暂的。我应该远离它，我要把自己的梦想交给自己，去寻找真正属于我的那张床！现在我终于找到了。"由此可见，人格与尊严是自己干出来的，空想只会通向平庸，而绝不是成功。

理想不是想象，成功最害怕空想。要想成就人生，就必须行动起来。躺在地上等机遇永远不会成功，因为机遇早已从头顶飘过。那些成功者都是个不折不扣的实干家。综观他们的生平处世，不仅积累了具体事情亲身入局的办法，更体验到了天下大事需积极出面入局的意义。

有些人想法颇多，但大多就只是空想，他们年复一年地勾画着自己的梦想，但直至老去，依然一事无成。这是很可怕的。所以说，若想做成一件事，就要先入局。在实践中充实自己、展现自己的才能，将该做的事情做好，证明自身的价值，如此你才能得到别人的认可。

当你自己改变了，一切也就变了

有一个卖花的小姑娘，在辛苦了一整天以后准备回家吃饭，这时她的手中还有两朵玫瑰花，她看到路边有一个乞丐，于是将那花儿送给了他。

这个小姑娘的不经意之举，却改变了一个人的命运。

乞丐从没想到会有美女送花给自己，幸福来得太突然了，他从来没有用心爱过自己，也没有接受过别人对自己的爱，在他的眼中，这个世界一直是很冷漠的，可这一瞬间，一股暖流在他的心中流淌，当即他做了一个决定：今天不行乞了，回家！

到家以后，他在角落里找出一个瓶子，装了些水，将玫瑰花养了起来。他出神地望着玫瑰花，静静的，呆呆的……突然，他把花拿了出来。原来，他觉得这瓶子太脏了，根本配不上如此漂亮的玫瑰花，他将瓶子洗了又洗，然后重新将花插了进去。

这时他又觉得桌子太脏、太乱了，花儿摆在上面一点也不协调，于是他又开始擦桌子，收拾杂物。

那么，这么漂亮的玫瑰花，这么干净的桌子，怎么能放在这么肮脏的屋子中。接下来他又开始收拾房间，把所有的物品都摆放整齐，把所有的垃圾清理出去。这个乞丐的家，因为有了这朵玫瑰花而变得整洁、明亮起来。他第一次发现原来自己的生活可以这样整齐。他在屋子里忘情地舞动起来。突然，他发现镜子里有一个蓬头

4. 困住我们的并不是门槛

垢面、衣衫褴褛的年轻人，原来自己竟是这副模样，这样的人有什么资格待在这样的房间里与玫瑰相伴呢？于是他立刻去洗了几年来唯一洗过的一次澡，然后找出一件虽然陈旧但还算干净的衣服，又对着镜子刮去了满脸的胡子。这时镜子中出现的，俨然是一个年轻帅气的小伙子。

他突然发现，自己其实还是蛮不错的，为什么要去当乞丐呢？他多年以来第一次这样反问自己，他的灵魂在瞬间觉醒了。他当即决定，从此以后再不行乞了，他要找一份正正当当的工作。这是他一生中最重要的决定。

因为不怕脏不怕累，很快他就找到了一份工作，心中的那朵玫瑰花一直激励着他，他不懈地努力着，40岁的时候，他成了当地非常有名气的民营企业家。

当你自己改变了，一切也就变了。每个人都有主宰自己生活的能力，前提是你不能放弃自己。别让自己沉沦，只要开始做一些小小的改变，人生终究会有所不同。

今天的你可能很落魄，你抱怨上天不给你机会，感慨命运一直在捉弄你，其实机会可能就在你身边，只是因为你给自己设了限，你觉得自己就是这个落魄样子的，于是你把机会自行放弃了，而机会一旦溜走，就很难再重新拥有。这也是很多人无法逆转人生的一大原因。

你所走的每一步都决定着最后的结局

他相貌平平,毕业于一所毫无名气的专科院校,在来自各个名牌大学、头上顶着硕士、博士光环的应聘者中,他的表现却像是一个麻省理工大学留学生。

尽管他表现得很自信,但面试官还是给了他一个无情的答复:他的专业能力并不足以胜任这个职位。这是事实。

他在得知自己被淘汰出局以后,显得有点失望、尴尬,但这个表情转瞬即逝,他并没有马上离开,而是笑了笑对面试官说:"请问,您是否可以给我一张名片?"

面试官微微愣了一下,表情冷冷的,他从内心里对那些应聘失败后死缠烂打的求职者没有好感。

"虽然我不能幸运地和您在同一家公司工作,但或许我们可以成为朋友。"他解释说。

"你这样认为?"面试官的口气中带了一点轻视。

"任何朋友都是从陌生开始的。如果有一天你找不到人打乒乓球,可以找我。"

面试官看了他一会儿,掏出了名片。

那个面试官确实很喜欢打乒乓球,不过朋友们都很忙,他经常为找不到伴儿打球而烦恼。后来,面试官和那个面试者成了朋友。

熟悉了以后,面试官问面试者:"你不觉得自己当时提的要求有

4. 困住我们的并不是门槛

点过分吗？你当时只是一个来找工作的人，你不觉得你自我感觉太好了点吗？"

他说："我不觉得，在我看来，人与人之间是平等的。什么地位、财富、学历、家世于我而言没有意义。"

面试官笑了，他甚至觉得这个朋友有点酸得可爱，他笑着问："要是当初我不理你，你怎么下台？"

"我可能没法下台，但我不允许自己不去尝试。其实很多人不敢去做一些事情，并不是害怕失败本身，而是失败以后的尴尬，人们觉得这很丢脸。可是，真正丢脸的并不是失败，而是不敢去开始。"

接着他说："大学的时候，我曾经非常喜欢一个女孩，可是我一直害怕被她拒绝，怕她说'你是一个好人……'，如果这样我会无地自容。所以大学那四年，我只敢远远地看着她，后来我偶然得知，她以前一直对我有好感，只是此时她已经找到了真正的归宿，我错过了本该属于我的幸福！"

"这是我迄今为止最大的遗憾，它是那样地令我懊悔、心痛。自此以后，每每怯懦、退缩的念头冒出来时，我就会以此来告诫自己，不要怕可能出现的失败。否则，还是会一次次地错过。现在，我已经可以敢于迎向一切了，不管前面是一个吸引我的女孩儿，还是万人大会的讲台，我都会毫不迟疑地迎上去，虽然我知道这可能会失败，虽然我知道自己也许还不够资格。"

永远不要认为可以逃避，你所走的每一步都决定着最后的结局。面对，是人生的一种精神状态。想要成为一个什么样的人物，获得什么样的成就，首先就要敢于去迎上去，只有面对了才可能拥有。即使最后没能如愿以偿，至少也不会那么遗憾。我们做事，结果固然重要，但过程也同样美丽。

如果不给自己加担子，你根本不知道自己有多强

有一个樵夫，上山砍柴不慎跌落，危难之际，他顺手抓住了半山腰处一根横出的树干，人就那样吊在半空中，他抬头看看，山崖四壁光秃且高，爬是爬不回去了，而下面又是崖谷。樵夫进退两难正不知如何是好，恰巧这时一老僧经过，给了他一个指点，他说："放！"

教人放手跳下悬崖找活路，这个老僧难道是个疯僧？

其实故事的精华就在于这个"放"字：既然上不去，那么唯一可能完好生还的途径已经被证实不能够了；而就那么吊在半空中，不上不下，显然也是死路一条，甚至有无数种更加悲惨的死法，那么最好的选择就是"放手"，跳下去——未必就会活，但也未必就会死！

或许可以就着山势而下，下落的重力受到缓冲；或许下落的过程中能够抓住一些草、一些树木，那么冲力还可以被减掉一点点；又或许山崖底下也有一个寒潭……总之，至少还有很多种生还的可能。

这个"放"字可以说就是我们对于未知事物的一种积极态度。当我们面对进退两难的境地时，与其耗在那里等死，还不如别浪费干耗的精力，将全部的意志和精力凝聚在一个点上，放手一搏，说不定就会置之死地而后生。就算这个决定只有万分之一的希望，但

毕竟还有一线生机，总好过那毫无希望的漫长虚耗。假如说，每一次决定行动时，你都能够当作是放手一搏的最后一线生机，那么你就可以做到很多人无法做到甚至不敢想象的事情。

所以，喜欢一个人就去表白，就去了解，相思不如相知。

想做一件事，就去做，没有废话，你会发现你比那些谈论梦想的人更加伟大。

很多时候，如果你不逼逼自己，你根本不知道自己有多强大。

若想有所作为，必须学会不停突围

在河北省廊坊市，一提起姜桂芝，人人都会竖起大拇指。

这个女人在44岁下岗了，当时，她的丈夫也失业在家，儿子正在读大学，她是家里的经济支撑，而下岗使得这个唯一的经济来源也被掐断了。她一下子迷茫了，她原本只想安安分分地等到退休，现在，她不知道这个家的出路在哪里。但是她知道，自己绝不能倒下，她还要继续支撑这个家。

她在街上摆了个摊，卖早餐。她是个腼腆害羞的女人，以前在单位，开会发言她都会脸红，说话吞吞吐吐的，惹得同事们放声大笑。现在，她不得不改变了，她的嗓门一下子大了起来，对着街上熙熙攘攘的人群，她硬着头皮高喊："卖油条啦，刚炸好的油条，油好面好口感好！""八宝粥，自家用心熬的八宝粥，又卫生又营养的八宝粥啦！"有些时候，她还会别出心裁地喊出些吸引人的词汇，引得来往的行人不断侧目，生意比她之前想象的要好很多。一个月下来，她粗略地算了一下，差不多赚了2300块钱，这要比下岗前的工资多出1000多元，她的心里一下子豁亮起来了。虽然现在很辛苦，但她却很高兴，她觉得自己的生活能过得更好。

由于生意很好，她一个人确实忙不过来，就说服开摩的的丈夫和她一起出摊。丈夫爽快地答应了。夫妻俩同心协力，开始了新的人生旅程。他们从当街早餐开始，到租门面房卖小吃，再到开面食加工厂。仅仅用了8年的时间，她就从下岗女工摇身一变成了资产近千万的民营企业家。

在接受记者采访时，姜桂芝说了这样一段话："我实在想不到我的今天会是这么好，以前总觉得自己很平庸，做什么都不成，在单位混口饭吃就满足了。可一下岗，我整个人都变精神了，才觉得自己可以做很多的事情，可以做一番事业。如果不是下岗，恐怕我就浑浑噩噩过一辈子了。"

不管生活给了我们怎样的苦难，如果我们敢于往上看，就能达到你自己都未曾想到过的高度。许多人举步维艰，往往就是因为他们严重低估了自己。他们思想的局限性，认为自己无用和愚蠢的想法，正是他们人生的最大枷锁。如果一个人自认为无能，那就没有任何力量可以帮助他去实现成功。

很多时候，正是我们自己把自己围在了城里，主观认识上的偏见，个性上的不足，客观上的陈规陋习等都制约着我们实现生命价值的最大化。如果我们想在一生中有所作为，我们就必须要学会不停地突围。

4. 困住我们的并不是门槛

学会了面对困难，才算学会了生存

有个年轻人因为性格懦弱一事无成，因而苦恼万分，他去找当地两位颇有声望的人寻求帮助，一个是登山专家，另一个则是资历丰富的船长。他先是问登山专家："如果爬山的时候遇到了暴风雨，应该怎么办？"登山专家回答他："那就要往山上走。"年轻人很诧异："山顶上的风雨不是更大吗？"登山专家解答说："山上的风雨虽然会更大，但不会有生命危险，可是如果往山下走，就极有可能被泥石流掩埋，所以登山经验丰富的人一旦遇上暴雨，就会迎着风雨向上攀登。"年轻人若有所思地点点头。

随后，他又去拜访船长，这次他问："船长先生，如果在海上行船遇上一场大风暴，您会怎么做？"船长反问他："如果是你，你会怎么做？"年轻人脱口而出："当然是掉头返航！"船长摇摇头："不行的，船速怎么会有风速快，风暴迟早会追上来。你这么做反而延长了你和风暴接触的时间。谁都知道，在风暴圈中待的时间越长就越危险。"

年轻人想了想又说："掉转船头90度避开风暴，怎么样？"船长笑了笑："以船的侧面去面对风暴，这样就会增加与风暴圈接触的面积，很容易翻船！"

年轻人再也想不出别的办法来了，于是问船长："既然这些办法都不行，那么您是怎么做的呢？"

船长回答说:"办法只有一个,就是稳住舵轮,让你的船头迎着风暴前进!只有这样,才能尽量减少与风暴接触的面积,同时由于你的船与风暴相对行驶,两者的速度相加,可以缩短与风暴圈接触的时间。你很快就会冲出风暴圈,重新看到一片阳光明媚的蓝天。"

　　我们面对的各种困难就像登山者和航海者遇到的风暴,跑没用,躲也没用,因为即使躲过了这次,肯定还有下一次,如果你不能学会解决困难,那么这一辈子都要被困难追得东躲西藏,什么事情也做不好、做不了。这个时候,如果努力突破了,进步会是巨大的,有时候甚至能够完成性格的重塑。

失败并不可怕,逃避才是最可怕的

　　郭晟是某公司经理,一次,他的一个助手出了一个纰漏,给公司造成了损失,六神无主的助手找到郭晟,表示要辞职。这时,郭晟给他讲了一个藏在心里已久的秘密:"8年前,我受雇于一家建筑公司当业务员,由于我的勤劳能干,大量欠款源源不断地收回,公司颓败的景象颇有改观。老板也很赏识我,几次邀我到他家吃饭。就在这时,他唯一的女儿悄悄地爱上了我,常常送一些精美的小玩意儿给我。我起初不敢接受,后来碍于情面只得收下。就这样过了两年,当有一天我告诉她我不能再给予她太多时,她一气之下寻了短见。

　　"她的三个哥哥咆哮不止,扬言非要我偿命不可。那时我手里

4. 困住我们的并不是门槛

已有了为数不少的积蓄，很多人劝我一走了之。我没有这样做，心里只有一个念头：事因既然在我，我必须回去面对这一切，是死是活——无关紧要。

"当我走进她的家门，一群人向我扑来，可她的父亲——我的老板向其他人摆了摆手，走上来紧握着我的手，良久才缓缓地说了这么一句话：'一个女人愿意为你献身，说明你是一个不同凡响的人；你敢来面对这一切，说明你是一个有血有肉的人。'"

郭晟的话给了他的助手很大触动，他决定留下来，接受董事会的裁决。结果，董事会认为他敢于面对问题，只是扣了他两个月奖金。

我们常遇到一些困难或令人痛苦的事情，也常常遇到失败，失败是这个样子的——你越逃避它，它越拼命地缠着你，你直接面对它，它就会停下来。所以说，失败并不可怕，不敢面对它才是可怕的。如果那些一天到晚想着如何逃避的人，能将这些精力的一半用到解决问题上，他们就有可能取得巨大的成就。

只有不断突破，才能顶天立地

18岁那年，他考入复旦大学，因为成绩非常突出，提前一年毕业，分配到上海一家大型国企。第一年，他在基层埋头苦干，默默无闻；第二年，他一鸣惊人，升任集团下属分公司的副总经理，21岁的副总经理，在上海滩这是个不小的新闻；第三年，他一飞冲天，做到了集团董事长的秘书。一年一个样，三年大变样，这简直是职场奇迹。才华出众，年轻有为，没有人会怀疑，如果他在这条道路上继续走下去，前途无可限量。

可是，他的梦想远不止于此，就在事业一帆风顺之时，他毅然决定辞职，要去证券公司。临走之前，有朋友好意提醒他："单位马上要分房子了，等分到了房子你再走不迟。"能在上海拥有一套属于自己的房子，是不少年轻人毕生奋斗的理想，那时他参加工作还不到几年，如果能分到房子，是无比幸运的事情。可他却不以为然，"难道我这辈子还挣不到一套房子？"一句话掷地有声，铿锵有力，朋友无言以对。燕雀安知鸿鹄之志，区区一套房子绑不住他梦想的翅膀。

由于赶上了中国股市的大牛市，他果断出击，很快掘到了人生第一桶金——50万元，不菲的数字，这又是一个骄人的成绩。一路走来，他的人生轨迹近乎完美无缺，那时完全可以找个安稳的工作，安心享受生活。可是那颗与生俱来永不安分的心，让他无法停下脚步，他野心勃勃地开始寻找下一个人生目标，准备创办网络公司。那时正是互联网的冬天，又有好心人劝他："你要懂得知足常乐，现在搞网络几乎不可能成功。"他偏不信。

于是在一间不足10平方米的小屋里，他投入全部家产，创立了盛大网络公司。从此一发不可收拾，他的人生传奇连番上演，人们以前所未有的震惊认识了这个年轻人——陈天桥。短短5年时间，他的个人财富以近乎"光速"飙升！一举登上中国大陆首富宝座，又一次颠覆了人们的想象力。

假如给你一份工作，保证你一年赚一亿，你会不会满足？但告诉你一个事实，即使是这样，你也要工作100多年才能赶上现在的陈天桥！陈天桥的发迹史的确与众不同，因为大多数人都是在逆境中崛起，而他却在顺境中演绎了不一样的传奇，这一切皆因为他有一颗不断超越的心。

在当今这个竞争激烈的大环境下，如果你一直以"安全专家"自居，不敢向自己的极限挑战，那么在与"勇士"的对抗中，你就只能永远处于劣势。当你羡慕，甚至是忌妒那些成功人士之时，不妨静心想想——他们为何能够取得成功？你要明白，他们的成功绝不是幸运，亦不是偶然。他们之所以有今天的成就，很大程度上，是因为他们不断磨砺自己的生存利器，不断寻求突破，才在这个茫茫尘世中占有了一席之地。

不是不能拥有，只是你以为自己不配拥有

有一家人，他们在经过了几年的省吃俭用之后，积攒够了购买去往澳大利亚的下等舱船票的钱，他们打算到富足的澳大利亚去谋求发财的机会！

为了节省开支，妻子在上船之前准备了许多干粮，因为船要在海上航行十几天才能到达目的地，孩子们看到船上豪华餐厅的美食都忍不住向父母哀求，希望能够吃上一点，哪怕是残羹冷饭也行。

可是父母不希望被那些用餐的人看不起，就守在自己所在的下等舱门口，不让孩子们出去。于是，孩子们就只能和父母一样在整个旅途中都吃自己带的干粮。

其实父母和孩子一样渴望吃到美食，不过他们一想到自己空空的口袋就打消了这个念头。

旅途还有两天就要结束了，可是这家人带的干粮已经吃光了。

实在被逼无奈,父亲只好去求服务员给他们一家人一些剩饭。听到父亲的哀求,服务员吃惊地说:"为什么你们不到餐厅去用餐呢?"父亲回答说:"我们根本没有钱。"

"可是只要是船上的客人,都可以免费享用餐厅的所有食物呀!"听了服务员的回答,父亲大吃一惊,几乎要跳起来了。

如果说,他们肯在上船时问一问,也就不必一路上如此狼狈了。那么为何他们不去问问船上的就餐情况呢?显而易见,他们没有勇气,因为他们的脑子早就为自己设了一个限——我们很穷,没钱去豪华餐厅享用美食,于是他们错过了本应属于自己的待遇。

事实上,在生活中,我们因为没有勇气尝试而错失良机的事情又何止这些?!也许就算你尝试了,也不一定就绝对成功,但你连尝试的勇气都没有,那你就只能一如既往地落魄和平庸。

今天的你可能很穷,你抱怨上天不给你成功的机会,感慨命运一直在捉弄你,其实机会可能就在你身边,只是因为你为自己设了限,你觉得自己只能做穷人做的事情,于是你把机会自行放弃了,而机会一旦溜走,就很难再重新拥有。这也是很多人无法逆袭的一大原因。

好好算一算,胆小都让你丢失了什么

有一个人,在某天晚上碰到了上帝。上帝告诉他,有大事要发生在他身上了,他有机会得到很多的财富,他将成为一个了不起的

4. 困住我们的并不是门槛

大人物，并在社会上获得卓越的地位，而且会娶到一个漂亮的妻子。

这个人终其一生都在等待这个承诺的实现，可是到头来什么事也没发生。

这个人穷困潦倒地度过了他的一生，最后孤独地死去。

当他上了天堂，他又看到了上帝，他很气愤地对上帝说："你说过要给我财富、很高的社会地位和漂亮的妻子的，可我等了一辈子，却什么也没有，你在故意欺骗我！"

上帝回答他："我没说过那种话，我只承诺过要给你机会得到财富、一个受人尊重的社会地位和一个漂亮的妻子，可是你却让这些机会从你身边溜走了。"

这个人迷惑了，他说："我不明白你的意思。"

上帝回答道："你是否记得，你曾经有一次想到了一个很好的点子，可是你没有行动，因为你怕失败而不敢去尝试？"

这个人点点头。

上帝继续说："因为你没有去行动，这个点子几年后给了另外一个人，那个人一点也不害怕地去做了，你可能记得那个人，他就是后来变成全国最有钱的那个人。还有，一次城里发生了大地震，城里大半的房子都毁了，好几千人被困在倒塌的房子里，你有机会去帮忙拯救那些存活的人，可是你害怕小偷会趁你不在家的时候，到你家里去打劫、偷东西？"

这个人不好意思地点点头。

上帝说："那是你去拯救几百个人的好机会，而那个机会可以使你在全国得到莫大的尊敬和荣耀啊！"

上帝继续说："有一次你遇到一个金发碧眼的漂亮女子，当时你就被她强烈地吸引了，你从来不曾这么喜欢过一个女人，之后也没有再碰到过像她这么好的女人了。可是你想她不可能会喜欢你，更不可能会答应跟你结婚，因为害怕被拒绝，你眼睁睁地看着她从身旁溜走了。"

这个人又点点头，可是这次他流下了眼泪。

上帝最后说："我的朋友啊！就是她！她本来应是你的妻子，你们会有好几个漂亮的小孩。而且跟她在一起，你的人生将会有许许多多的乐趣。"

这个人无言以对，懊恼不已。

我们身边每天都会围绕着很多的机会，包括爱的机会。可是我们经常像故事里的那个人一样，总是因为害怕而停止了脚步，结果机会就这样偷偷地溜走了。那么现在想一想，细数一下，你都因为胆小失去了什么？此刻，在你的生命里，你想做什么事，却没有采取行动；你有个目标，却没有着手开始；你想对某人表白，却没有开口；你想承担某些风险，却没有去冒险……这些，恐怕多得连你自己都数不清吧？也许一直以来你都在渴望做这些事，却一直耽搁下来，是什么因素阻止了你？是你的恐惧！恐惧不只是拉住你，还会偷走你的热情、自由和生命力。是的，你被恐惧控制了决定和行为，它在消耗你的精力、热忱和激情，你被套上了生活中最大的枷锁，就是活在长期的恐惧里——害怕失败、改变、犯错、冒险，以及遭到拒绝。这种心理状态，最终会使你远离快乐，丢失梦想，丧失自由。但如果有朝一日，你远离了恐惧、远离了懒惰、远离了无知、远离了坏习惯，你也就永远远离了平庸与贫穷！

4. 困住我们的并不是门槛

敢于承担额外责任的人，才能获得额外的机会

如今，从市值上看，苹果电脑公司已经成为超级企业。一直以来，大家都只知道已故的乔布斯先生是苹果公司的创始人，其实在30多年前，他是与两位朋友一起创业的，其中一名叫惠恩的搭档，被美国人称为"最没眼光的合伙人"。

惠恩和乔布斯是街坊，两个人从小都爱玩电脑。后来，他们与另一个朋友合作，制造微型电脑出售。这是又赚钱又好玩的生意。所以三个人十分投入，并且成功地制造出了"苹果一号"电脑。在筹备过程中，他们用了很多钱。这三位青年来自中下阶层家庭，根本没有什么资本可言，于是大家四处借贷，请求朋友帮忙。三个人中，惠恩最为吝啬，只筹得了相当于三个人总筹款的十分之一。不过，乔布斯并没有说什么，仍成立了苹果电脑公司，惠恩也成为了小股东，拥有了苹果公司十分之一的股份。

"苹果一号"首次出台大受市场欢迎，共销售了近10万美元，扣除成本及欠债，他们赚了4.8万美元。在分利时，虽然按理惠恩只能分得4800美元，但在当时这已经是一笔丰厚的回报了。不过，惠恩并没有收取这笔红利，只是象征性地拿了500美元作为工资，甚至连那十分之一的股份也不要了，便急于退出苹果公司。

当然，惠恩不会想到苹果电脑后来会发展成为超级企业。否则，即使惠恩当年什么也不做，继续持有那十分之一的股份，到现在他

的身价也足以达到 10 亿美元了。

那么，当年惠恩为什么会愿意放弃这一切呢？原来，他很担心乔布斯，因为对方太有野心，他怕乔布斯太急功近利，会使公司背上巨额债务，从而连累了自己。

惠恩在放弃自己应该承担的责任的同时，也就宣告与成功及财富擦肩而过了。可以说，这件事给像惠恩一样胆小怕事的人深深上了一课，它在毫不掩饰地嘲笑那些没有担当的人：你不富有，因为你不配拥有！只有那些敢于承担额外责任的人，才能比别人获得更多的额外机会！

长期生活在缺少激情和尝试的氛围中，使很多人已经很难理解"冒险"的意义。我们总是习惯用"太危险"、"别出风头"、"没有必要"等借口来扼杀自己天性中的冒险精神。于是今天的我们，不敢笑，因为他们怕冒一些显得愚蠢的风险；不敢哭，因为怕冒一些显得脆弱的风险；不敢暴露感情，因为怕冒露出真实面目的风险；不敢向他人伸出援助之手，因为怕冒被牵连的风险；不敢爱，因为怕冒不被爱的风险；不敢希望，因为怕冒失望的风险；不敢尝试，因为怕冒失败的风险……那么，是不是我们比别人缺少聪明才智，还是缺少勇气斗志？都不是。但肯定是缺少了点什么，大概就是那种"冒险精神"。

5.

再长的路，一步步也能走完，
再短的路，不迈开双脚也无法到达

一切伟大思想和成就，都从一个微不足道的行动开始。行动是治愈恐惧的良药，而犹豫、拖延将不断滋养恐惧。

生活不是用来妥协的

那一天，罗杰斯走在乔治亚州某个森林里的小路上，看见前面的路当中有个小水坑。他只好略微改变一下方向从侧翼绕过去，就在接近水坑时，他遭到突然袭击！

这次袭击是多么出乎意料！而且攻击者也是那么出人意外。尽管他受到四五次的攻击还没有受伤，但他还是大为震惊。他往后退回一步，攻击者随即停止了进攻。那是一只蝴蝶，它正凭借优美的翅膀在他面前作空中盘旋。

罗杰斯要是受了伤的话，他就不会发现；但他没有受伤，所以反倒觉得好玩，于是他笑了起来。毕竟他遭到的攻击是来自一只蝴蝶。

罗杰斯收住笑，又向前跨了一步。攻击者又开始向他俯冲过来。它用头和身体撞击他的胸脯，用尽全部力量一遍又一遍地击打他。

罗杰斯再一次退后一步，他的攻击者因此也再一次延缓了攻击。当他试图再次前进的时候，他的攻击者又一次投入战斗。他一次又一次地被它撞击在胸脯上，他感到莫名其妙，不知道该怎么办才好，只好第三次退后。不管怎么说，一个人不会每天都碰上蝴蝶的袭击，但这一次，他退后了好几步，以便仔细观察一下敌情。他的攻击者也相应后撤，栖息在地上。就在这时他才弄明白它刚才为什么要袭击他。

5. 再长的路，一步步也能走完，再短的路，不迈开双脚也无法到达

它有个伴侣，就在水坑边上它着陆的地方，它好像已经不行了。它待在它的身边，它把翅膀一张一合，好像在给它扇风。罗杰斯对蝴蝶在关心它的伴侣时所表达出的爱和勇气深表敬意。尽管它快要死去了，而自己又是那么庞大，但为了伴侣它依然义无反顾地向他发起进攻。它这样做，是怕他走过它时不经意地踩到它，它在争取给予它尽可能多一点生命的珍贵时光。

现在罗杰斯总算了解了它战斗的原因和目标。留给他的只有一种选择，他小心翼翼地绕过水坑到小路的另一边，顾不得那里只有几寸宽的路埂，而且非常泥泞。它为了它的伴侣在向大于自己几千倍的敌人进攻时所表现出的大无畏气概值得罗杰斯这么做。它最终赢得了和它厮守在一起的最后时光，静静的，不受打扰。罗杰斯为了让它们安宁地享受在一起的最后时刻，直到回到车上才清理皮靴上的泥巴。

从那以后，每当面临巨大的压力时，罗杰斯总是想起那只蝴蝶的勇气。他经常用那只蝴蝶的勇猛气概激励自己、提醒自己：美好的东西值得你去抗争。

生活不是用来妥协的！你退缩得越多，能让你喘息的空间就越有限。对于胆怯而又犹疑不决的人来说，获得辉煌的成就是不太可能的，正如采珠的人如果被鲨鱼吓住，是不能得到名贵的珍珠的。事实上，总是担惊受怕的人不是一个自由的人，他总是会被各种各样的恐惧、忧虑包围着，看不到前面的路，更看不到前方的风景。

每个人都有一个好运降临的时候不能领受

一个园艺师向一个日本企业家请教："社长先生，您的事业如日中天，而我就像一只蚂蚁，在地里爬来爬去的，一点没有出息，什么时候我才能赚大钱，能够成功呢？"

企业家对他说："这样吧，我看你很精通园艺方面的事情，我工厂旁边有 2 万平方米空地，我们就种树苗吧！一棵树苗多少钱？"

"50 元。"

企业家又说："那么以一平方米地种两棵树苗计算，扣除道路，2 万平方米地大约可以种 2.5 万棵，树苗成本是 125 万元。你算算，5 年后，一棵树苗可以卖多少钱？"

"大约 3000 元。"

"这样，树苗成本与肥料费都由我来支付。你就负责浇水、除草和施肥工作。5 年后，我们就有上千万的利润，那时我们一人一半。"企业家认真地说。

不料园艺师却拒绝说："哇！我不敢做那么大的生意，我看还是算了吧。"

一句"算了吧"，就将摆在眼前的机会轻易放弃，每个人都梦想着成功，可又总是白白放走了成功的契机。成功，显然是需要胆识的。

其实，每个人都有一个好运降临的时候不能领受，但他若不及

5. 再长的路，一步步也能走完，再短的路，不迈开双脚也无法到达

时注意或顽固地抛开机遇，那就并非机缘或命运在捉弄他，这要归咎于他自己的疏懒和荒唐，这样的人最应抱怨的其实是自己。机遇对于每个人来说都是平等的，问题是，它来了，你又在做什么、想什么？你是不是只看到了其中的危机，然后畏首畏尾无所作为呢？危机，对于胆大的人来说，是避开危后的财富机会，而对胆小的人来说，则眼睛只会看到危险，白白浪费和错过机遇。这个社会虽然很复杂，但机会对每一个普通百姓来说其实是平等的。

不要怕推销自己，只要你认为自己有才华

有个小伙子大学毕业后到一家大企业应聘，却因为种种原因错过了面试时间。这个大学生很喜欢这份工作，因此，他并没有就此放弃，他直接找到了人事部经理，希望对方能再给自己一次机会。

人事经理十分欣赏年轻人的胆量和自信，决定亲自对他进行面试。听完年轻人非常自信的自我介绍后，人事经理面有难色地说："对不起，我们的招聘有两个条件——硕士学历和两年的工作经验，可惜你都不符合要求。"

年轻人听了却没有气馁，仍然微笑着说："我虽然没有工作经验，但大学时，我在学校担任过学生会主席，组织同学们开展过很多活动，勤工俭学时做过日用品直销员、兼任过报刊特约记者，实习时也在广告公司从事过文案工作，并受到了领导多次表扬……我相信自己完全能胜任这一份工作。"说完便递上精心设计的求

职材料。

人事经理认真地看过年轻人递过来的材料之后,很遗憾地说:"你的确很优秀,可是我们公司是有规定的。公司规定要硕士以上学历,真的很抱歉。"

就在年轻人决定起身离去时,他再一次鼓起勇气做了最后的尝试。他对人事经理说:"文凭仅仅是代表一个人受教育的程度,并不能真正代表一个人的能力。我相信贵公司要的是能为公司谋利益的人才,而不仅仅是硕士文凭。"

人事经理足足凝视了年轻人20秒,最后他终于说道:"年轻人,就冲你这份勇气,你被录用了。"美国成功学家戴尔·卡耐基曾说过:"不要怕推销自己,只要你认为你有才华!"在我国,也有毛遂自荐的故事,把自己推销给老板,才有了发挥才能的机会,否则,被埋没的可能性就很大。

既然是好酒,为什么要躲在巷子深处而不表明自己是好酒呢?既然是金子,为什么不让自己摆在显眼的地方呢?现代社会,人才辈出,竞争激烈,不懂得推销自己,就会成为人才海洋中那最不起眼的一滴。

勇敢去争取,好运等着你

一个朋友曾讲过他和妻子的故事,从中能看到决心与经历的相互作用及其幸运的结果。他说:

5. 再长的路，一步步也能走完，再短的路，不迈开双脚也无法到达

我和妻子离家的时候，家乡的情况很不好，但是我们发现新地方的情况也不好。这里有许多像我一样的人，没有合适的工作岗位。我在家乡受过良好教育，成绩优秀，获得了行医执照。但在这里我谁也不认识，根本不能指望病人找我看病。去医院求职更无望，因为从医学院毕业的高才生都很难在医院找到工作，当然别指望他们给我留个职位。我和妻子都很着急，我们有一点儿钱，可撑不了多久。但是，枯坐着干搓手无济于事。由于找不到工作，我们决定到乡下看一看。我们买了一辆旧车，开始上路。我们在旅途中的所见所闻令人高兴。乡下的情况比城里好，妻子说："为什么不当一名乡村医生呢？"

我对她说："别心血来潮了，人们都对外地人存有戒心，我的口音这么重，怎能指望在这种地方做医生呢？再说，你一定清楚，每个镇子都有医生。"

可是，只要妻子有了想法，再劝说也没用。从那时起，每当我们停车休息，她都会向路过的人问："这个镇子需要医生吗？"

当然，人们都以为她很怪，回答说不需要。我求她别问了。我说："求求你，这太让人难堪了。"可是她毫不在意。她是有目标必要达成的女人，要不然就不高兴。后来我甚至讨厌停车，因为人一靠近，她马上就会问：你们这儿需要医生吗？

几周后，妻子也有些灰心。一天，我们正在开车，我说："别说那些废话了。"她说："或许你是对的。"说完我们停下来休息。这时妻子与身边的人搭话。我还没来得及阻止她，她已经又提出那个老问题。让我惊讶的是，一个男人伸出头来说："你提这个问题，太有意思了。我们那个地方的老医师两天前刚得病死去，我们正想着尽快从外面请个医师来呢。"

妻子对我说："你看，机会来了！"于是，我们到这里跟当地人谈了谈，就开起了诊所。自那以后，一切都很顺利。我们交了许多

朋友，再也不想搬家了。

　　馅饼不会从天上掉下来，没有人整天给你送钱。机会也是如此，它不可能自己送上门来，靠的是你自己的追求。等也永远不会等来，勇敢去争取才是获得成功的最快途径。实际上，只要你下定决心，积极地面对，主动出击，而不是消极等待，虽然可能会遭遇失败，但终究会抓到机会，交上好运。

无论做什么事，先要为自己争来机会

　　乔治和约翰是从小一起长大的朋友，他们的家在约克小镇。约翰胆大心细，敢作敢为；而乔治不爱表现，办事有点缩手缩脚。两个人都顺利地进入了伦敦的大学，而且是同一所大学的同一个专业。

　　这天，乔治感到身体有些不舒服，约翰就陪他去医院。在前往医院的路上，乔治突然发现一个非常熟悉的面孔，他连忙拉住约翰，低声说："约翰，你快看，那是总理。"

　　此时，二人与总理之间的距离大概50米左右，总理正和几位官员及记者一边走路一边探讨着什么。片刻之后，总理一行人走到了他们身边，乔治和约翰有点不知所措，乔治更是有些害怕地低下了头。总理来到乔治面前，看了看乔治，然后目光落在乔治胸前的校徽上，说："这是一所不错的学校！"这时的乔治，不知是激动还是害羞，竟然傻乎乎地看着总理，一句话也说不出来。约翰却上前一步，注视着总理，说道："总理先生，您好。"总理亲切地将手放在

5. 再长的路，一步步也能走完，再短的路，不迈开双脚也无法到达

约翰的肩上，鼓励道："年轻人，要善于学习，敢于突破，国家的未来是你们的！"

　　第二天，多家媒体的头条刊登的都是总理与约翰在一起的照片，许多传媒对约翰进行了专题采访。朝夕之间，约翰火了起来，成了名人，学校也把总理与约翰的照片作为一种荣誉收藏到了档案馆里。这时，很多同学惋惜地对乔治说："乔治，你错过了一个非常好的成名机会，太遗憾了，但你可以补救的。你应该立刻拿起笔，将你见到总理的情形写出来，送到报社去发表，这样也可以提高你的知名度。"乔治觉得校友的话很有道理，可拿起笔又不知道该写什么，因为自己从始至终没有和总理说过一句话，这件事慢慢就被搁置了下来。

　　因为已经有了名气，约翰大学毕业以后非常顺利地找到了一份相当不错的工作，而且他有胆有识又愿意努力，没过几年就进入了公司的决策层，生活过得非常惬意。乔治毕业以后回到了小镇，做了一名邮递员，艰苦的工作之余，乔治常常会想，如果自己当年向前跨出那一小步，如今的生活是不是会向前跨越一大步呢？或许，自己真的错过了人生最好的一步棋。

　　有时候，我们会为一个人或者一件事情而遗憾终身；有时候我们会为了某个目标而等待一生。其实，你当初完全可以使事情朝着另外一个方向发展，只要勇敢地迎上去、勇敢地做事情、勇敢地想问题，关键是勇敢地做自己，这样就能做到人生无怨无悔。

　　无论做什么事，先要为自己争来机会。机会抢到手，成功的可能已有了一半。有了这种敢于行动的心态，才会使我们成为一个挑战者，愿意尝试新行为，愿意接触陌生人，愿意做陌生的事，愿意探索未知的领域。这样，我们就不会太安于现状，也不会留恋过去，不会让知足与惰性主导我们的行为。

顾虑重重，是聪明反被聪明误

一位中国留学生应聘一位著名教授的助教。这是一个难得的机会，收入丰厚，又不影响学习，还能接触到最新科技资讯。但当他赶到报名处时，那里已挤满了人。

经过筛选，取得考试资格的各国学生有三十多人，成功希望实在渺茫。考试前几天，几位中国留学生使尽浑身解数，打探主考官的情况。几经周折，他们终于弄清内幕——主考官曾在朝鲜战场上当过中国人的俘虏！

中国留学生这下全死心了，纷纷宣告退出："把时间花在不可能的事上，再愚蠢不过了！"

这位留学生的一个好朋友劝他："算了吧！把精力匀出来，多刷几个盘子，挣点儿学费！"但他没听，而是如期参加了考试。最后，他坐在主考官面前。

主考官考察了他许久，最后给他一个肯定的答复："OK！就是你了！"接着又微笑着说："你知道我为什么录取你吗？"

年轻留学生诚实地摇摇头。

"其实你在所有应试者中并不是最好的，但你不像你的那些同学，他们看起来很聪明，其实再愚蠢不过。你们是为我工作，只要能给我当好助手就行了，还扯几十年前的事干什么？我很欣赏你的勇气，这就是我录取你的原因！"

5. 再长的路，一步步也能走完，再短的路，不迈开双脚也无法到达

后来，年轻留学生听说，教授当年是做过中国军队的俘虏，但中国兵对他很好，根本没有为难他，他至今还念念不忘。

这个留学生就是后来的吴鹰——UT 斯达康公司的中国区总裁，《亚洲之星》评出的最有影响力的 50 位亚洲人之一。

许多人的脑子太复杂，总爱自作聪明，认为机遇总是属于那些最聪明、最优秀的人才，轻易否定自己，结果浪费了机遇，因此，他们往往还没有走到挑战的边缘就从心理上败下阵来。不如想得简单一些，尝试一下再说。也许，好运就在突破顾虑的那一扇门后面。

顾虑太多，永远不能迈出向前突破的艰难一步，不能给自己的未来做决定，也就只能混一辈子。谨慎一点固然没错，但过度的谨慎就成了畏缩。有的事错过了可以重来，然而，有的事一旦错过，就不可能再有第二次。

犹豫不决，是断了自己的路

法国有一位哲学家，他温文尔雅，谈吐不俗，令许多女人为之倾倒。

这天，一位容貌绝美、气质高雅的女子敲开他的房门："让我来做你的妻子吧！相信我，我是这世上最爱你的女人！"

哲学家惊叹于她的气质，陶醉于她的美貌，更为她的真情所打动。毫无疑问，他同样为她而着迷，但他却说："你让我再考虑一下！"

送走女子，哲学家找来纸笔，将娶妻与不娶妻的利弊一一罗列出来。结果发现，二者的利弊竟然不相上下。哲学家很是为难，他犹豫起来，不知如何是好，而这一犹豫就是整整4年。

4年后，哲学家得出这样一条结论：在难以取舍时，应该选择尚未经历过的。

于是，哲学家兴冲冲地来到女子家，对其父亲说道："您女儿不在吗？那么请您转告她，我已经考虑清楚，我要娶她为妻！"

老人漠然说道："你晚来了4年，我女儿如今已经是2个孩子的母亲了！"

哲学家闻听此言，顿感五雷轰顶，整个人几乎就要崩溃。他无论如何也没有想到，自己向来引以为傲的哲学头脑，最终换来的竟是一场无比的悔恨。数年后，哲学家郁郁而终。弥留之际，他吃力地写下这样一行字：若是将人生一分为二，前半生的哲学应是"不犹豫"，后半生的哲学应是"不后悔"……

很多时候，我们是不是像这个哲学家一样呢？当机会一次次出现，你却一次次拒绝它，固执于心中不成熟的想法，于是机会一次次地与你擦肩而过？所以，若以后，当你感觉某些事情有可能是个机遇，那么不妨大胆地尝试一下，或许那就是上帝给你的安排！

有道是"用兵之害，犹豫最大也"，又有云"机不可失，失不再来"，犹豫不决的直接后果，就是导致你在人生的竞技场上折戟沉沙！所以说，在一些必须做出决定的紧急时刻，你就不能因为条件不成熟而犹豫不决，你只能把自己全部的理解力激发出来，在当时的情况下做出一个最有利的决定。当机立断地做出一个决定，你可能成功，也可能失败，但如果犹豫不决，那结果就只剩下了失败。

人生匆匆数十载，我们有太多的事情需要去尝试，犹豫，只会为人生平添遗憾。将犹豫从你的生命中挪开，想做的事情就趁早去做，这样你才能拥有一个无悔的人生。

5. 再长的路，一步步也能走完，再短的路，不迈开双脚也无法到达

最痛苦的不是失败的泪水，而是不尽力的懊悔

弗洛伦丝·查德威克因为是第一个成功横渡英吉利海峡的女性而闻名于世。在此两年后，她从卡塔林纳岛出发游向加利福尼亚海滩，想再创一项前无古人的纪录。

那天，海面浓雾弥漫，海水冰冷刺骨。在游了漫长的16个小时之后，她的嘴唇已冻得发紫，全身筋疲力尽而且一阵阵战栗。她抬头眺望远方，只见眼前雾霭茫茫，仿佛陆地离她还十分遥远。"现在还看不到海岸，看来这次无法游完全程了。"她这样想着，身体立刻就瘫软下来，甚至连再划一下水的力气都没有了。

"把我拖上去吧！"她对陪伴着她的小艇上的人说。

"咬咬牙，再坚持一下。只剩一英里远了。"艇上的人鼓励她。

"别骗我。如果只剩一英里，我应该能看到海岸。把我拖上去，快，把我拖上去！"

于是，浑身瑟瑟发抖的查德威克被拖上了小艇。

小艇开足马力向前驶去。就在她裹紧毛毯喝了一杯热汤的工夫，褐色的海岸线就从浓雾中显现出来，她甚至都能隐隐约约地看到海滩上欢呼等待她的人群。到此时她才知道，艇上的人并没有骗她，她距成功确确实实只有一英里！她仰天长叹，懊悔自己没能咬咬牙再坚持一下。

然而，懊悔又有什么用，她终究因为未尽全力而失去了这次创造

纪录的机会。人生中的很多事情都是如此，其实并不是做不到，而是因为你没有尽力。如果尽力了，即使失败又如何？苦难对于一个天才是一块垫脚石，对于能干的人是一笔财富，而对于庸人却是一个万丈深渊。坚强刚毅的性格和坚持到底的韧劲是强者区别于庸者的必要条件。失败并不可怕，在厄运面前不屈从，在困难面前不低头的人，永远比在挫折和打击面前垂头丧气、自暴自弃的人活得更精彩。

先行一步，再行一步，也就到了

　　勒格森的旅程源自于一个梦想——他希望能像心目中的英雄亚伯拉罕·林肯那样，为他自己和自己的种族带来尊严和希望。不过，要是实现这个目标，他必须去接受最好的教育，他知道那必须要前往美国。

　　他未曾想过自己毫无分文，也没有任何的办法支付船票，未曾想过要上哪所大学，也不知道自己会不会被大学所接受。他未曾想过这一去便要走 3000 英里之遥，途经上百部落，说着 50 多种语言，而他，对此一窍不通。他什么都未多想，只是带着自己的梦想出发了。在崎岖的非洲大地上，艰难跋涉了整整 5 天，格勒森仅仅行进了 25 英里。食物吃光了，水也所剩无几，他身无分文。要继续完成后面的 2975 英里似乎不可能了。但他知道，回头就是放弃，就是要重归贫穷和无知。

　　他大多时候都席天幕地，依靠野果和植物维持生命，艰难的旅

5. 再长的路，一步步也能走完，再短的路，不迈开双脚也无法到达

途生活使他变得又瘦又弱。

一次，他发了高烧，幸亏好心人用草药为他治疗，才不致有生命危险，这时的勒格森几欲放弃，他甚至说："回家也许会比继续这似乎愚蠢的旅途和冒险更好一些。"但他并没有这样做。2年以后，他走了近1000英里，到达了乌干达首都坎帕拉。此时，他的身体也在磨炼中逐渐强壮起来，他学会了更明智的求生方法。他在坎帕拉待了6个月，一边干点零活，一边在图书馆贪婪地汲取知识。

在图书馆中，他找到一本关于美国大学的指南书。其中一张插图深深吸引了他。那是群山环绕的"斯卡吉特峡谷学院"，他立即给学院写信，述说自己的境况，并向学院申请奖学金。斯卡吉特学院被这个年轻人的决心和毅力感动了，他们接受了他的申请，并向他提供奖学金及一份工作，其酬劳足够支付他上学期间的食宿费用。勒格森朝着自己的理想迈进了一大步，但更多的困难仍阻挡着他。

要去美国，勒格森必须办下护照和签证，还需证明他拥有可往返美国的费用。勒格森只好再次拿起笔，给童年时教导过自己的传教士写了封求助信，护照问题解决了，可是格勒森还是缺少领取签证所必须拥有的那笔航空费用。但他并没有灰心，他继续向开罗行进，他相信困难总有办法解决。他花光了所有积蓄买来一双新鞋，以使自己不至于光着脚走进学院大门。

正所谓"苦心人，天不负"，几个月以后，他的事迹在非洲以及华盛顿佛农山区传得沸沸扬扬，人们被他这种坚毅的精神感动了，他们给勒格森寄来650美元，用以支付它来美国的费用。那一刻，格勒森疲惫地跪在了地上……

经过两年多的艰苦跋涉，勒格森终于如愿进入了美国的高等学府，仅带着两本书的他骄傲地跨进了学院高耸的大门。

无论做什么事情，只要你迈出开始的一步，然后再走一步，如此周而复始，就会离心中的目标越来越近。不过，如果你连迈出第

一步的勇气都没有，那就不要再幻想能有所成了。

坚持的过程虽然辛苦，但意义已经超越了事情本身

一位登山爱好者决定挑战自己所能承受的极限，他从尼泊尔首都加德满都出发，顺着中尼公路向前行进，最终翻越了喜马拉雅山。

这次挑战用时 46 天，登山爱好者共计徒步行走 1099 千米，其艰辛与困难程度，简直无法用笔墨和言语来形容。

对于这段艰苦的经历，登山爱好者如是说道："在这个过程中，我的痛苦不仅仅是生理上的，它最多的其实是心理上的障碍。"

事实上，很多登山爱好者应该都有过类似体验。在登山的过程中，我们每天真正担心的并不是山有多高、山路有多么陡峭险峻，而是最基本的生活问题。譬如，哪里才是下一站、才能休息？前面的路上还有哪些无法预知的危险，等等。

这位登山爱好者回忆当时的情景，他说："那时我一直不断重复着一个念头——'我还能活着出去吗？'虽然心中忐忑不安，但我从未停止爬向下一个目标的脚步。因为在那种环境下，你一旦懈怠，不能在预计的时间内到达目标地点，说不准就会发生什么。所以我不断地给自己鼓劲——'无论如何都要坚持下去，你一定行的！'"

坚持到最后结果就是，登山爱好者惊喜地发现，自己已经在不知不觉中突破了极限！

5. 再长的路，一步步也能走完，再短的路，不迈开双脚也无法到达

想一想，我们当初立下志向的时候，为的是什么？还不是为了让自己的生命更有价值，让自己的一生不至于庸碌无为，浑浑噩噩。现在如果你想放弃了，不遗憾吗？的确，坚持做一件事情很辛苦，甚至可能不会得到想要的结果，但放弃了，就意味着你之前所付出的一切努力都要付诸东流，不可惜吗？坚持的过程虽然辛苦，但对于人生的意义已经超越了事情本身。

少一份对希望的坚持，就会错过生命中最美的花期

一家报纸刊登了一则园艺所重金征求纯白金盏花的启事，在当地一时引起轰动。高额奖金让许多人跃跃欲试，但在自然界中，金盏花除了金色就是棕色，培植出纯白色的，不是一件易事。所以很多人在一阵热血沸腾之后，就把这件事抛诸脑后了。

一晃 10 年过去了，一天，园艺所意外地收到了一封热情的应征信和 1 粒纯白金盏花的种子。当天，这件事就不胫而走，引起轩然大波。

寄种子的是一个年逾古稀的老人，她是一个地地道道的爱花人，10 年前偶然看到那则启事时，她便怦然心动，不顾子女反对，毅然地干了下去。她撒下了一些普通种子，精心侍弄。一年之后，金盏花开了，她从那些金色的、棕色的花中挑选了一朵颜色最淡的，任其自然枯萎，以获得最好的种子；次年，她又把它种下去，然后，

再从这些花中挑选出颜色更淡的花的种子栽种……就这样，日复一日，年复一年。终于，在 10 年后的一天，她在花园中看到一朵金盏花，它不是近乎白色，也并非类似白色，而是如银似雪的白。

一个连专家都无法解决的问题，却在一个不懂遗传学的老人手中成为现实，这说明了什么？最初，那不过是一粒普通的种子，也许很多人都曾捧过它，不过，因为少了一份以心为圃、以血为泉的信念，少了一份对希望之花的坚持，很多人错过了生命中最美丽的一次花期。其实只要我们坚守信念，只要我们在心中种下一粒希望的种子，就一定会收获美丽。

成功与失败的分水岭，就是能否把自己的梦想坚持到底

一个 23 岁的女孩子，除了爱想象之外，与别人相比没有什么不同，普通的父母，普通的相貌，上的也是普通的大学。

大学的宽松环境让她有了更多的时间去想象，她的脑海中常会出现童话中的情景：穿着白衣裙的芭比娃娃、蔚蓝的天空、绿绿的草地。当然，还有巫婆和魔鬼……他们之间有着许多离奇的故事，她常常动手把这些故事写下来，并且乐此不疲。

在大学里，她爱上了一个男孩，他的举止和言谈真的和童话里的王子一样，他是她想象中的"白马王子"，她很爱他。但是，他却受不了她的脑海中那荒唐的不切实际的想法。她会在约会的时候突

5. 再长的路，一步步也能走完，再短的路，不迈开双脚也无法到达

然给他讲述一个刚刚想到的童话，他烦透了这样"幼稚"的故事。他对她说："天啊，你已经23岁了，但你看来永远都长不大。"他弃她而去。

失恋的打击并没有停止她的梦想和写作。25岁那年，她带着改变生活环境的想法，来到了她向往的具有浪漫色彩的葡萄牙。在那里，她很快找到了一份英语教师的工作，业余时间继续写她的童话。

一位青年记者很快走进了她的生活，青年记者幽默、风趣而且才华横溢。她爱上了他，他们很快步入了婚姻的殿堂。但她的奇思异想让他也无法忍受，他开始和其他姑娘来往。不久，他们的婚姻走到了尽头，他留给她一个女儿。

她经受了生命中最沉重的一击。祸不单行的是离婚不久，她又被学校解聘了。无法在葡萄牙立足的她只得回到了自己的故乡，靠社会救济金和亲友的资助生活。但她还是没有停止她的写作，现在她的要求很低，只是把这些童话故事讲给女儿听。

终于有一次，她在英格兰乘地铁，她坐在冰冷的椅子上等晚点的地铁到来，一个人物造型突然涌上心头。回到家，她铺开稿纸，多年的生活阅历让她的创作热情一发不可收拾。

她的长篇魔幻故事《哈利·波特与魔法石》问世了，并不看好这本书的出版商出版了这本书，没想到，一上市就畅销全国，达到了数百万册之巨，所有人都为此感到吃惊。

她的名字叫乔安娜·凯瑟琳·罗琳，她被评为"英国在职妇女收入榜"之首；被美国著名的《福布斯》杂志列入"100名全球最有权力的名人"，名列第25位。

每个人都会有梦想，但有些人的梦想最终被岁月无情地夺去，只留下苍白而又简单的色彩。在这个世俗而又讲求物质的社会中，人们总是认为梦想与成功之间的距离遥不可及。其实并不是如此，成功与失败的分水岭其实就是能否把自己的梦想坚持到底。

把别人泼向你的冷水，当作灌溉你梦想的露水

有个开罗人，一天到晚想发财，希望能突然得到一笔巨款。有一夜，他梦见从水里冒出一个人，浑身湿淋淋的，一张嘴，吐出1个金币，并且对开罗人说："你想发财吗？有成千上万的金币正等着你呢。"开罗人急着问："在哪里？在哪里？我想发财想得快发疯了。"

"好，"那吐金币的人说，"想发财，你就得去伊斯法罕，只有到那里才能找到金币。"说完就不见了。

开罗人醒过来，辗转反侧，再也睡不着。"天哪！伊斯法罕远在波斯啊，我到底去不去呢？那里有几千里之遥啊，我必须穿越阿拉伯半岛，经波斯湾，再攀上扎格罗斯山，才能到那山巅之城。"开罗人想，"我可能死在半路，但是不去，我这辈子大概就发不了财了。"去，他不见得一定能发财，谁能相信梦里的事？但是不去，他必定会后悔。

经过几天内心的挣扎，开罗人还是决定冒险。他千里跋涉，历经了许多艰难险阻，终于风尘仆仆地到达了"山巅之城"伊斯法罕。

可是他的辛苦得到了什么样的回报呢！伊斯法罕不但穷困，而且正闹土匪，开罗人随身带的一点值钱的东西都被土匪抢走了。

当地的警卫总算把土匪赶跑，发现了奄奄一息的开罗人，喂他吃东西、喝水，把他救活了。

5. 再长的路，一步步也能走完，再短的路，不迈开双脚也无法到达

"听口音，你不是本地人？"一个警卫说。"我从开罗来。""什么？开罗？你从那么远，那么富有的城市，到我们这贫穷的伊斯法罕来干什么？""因为我梦见神对我启示，到这里来可以找到成千上万的金币。"开罗人坦白地说。

警卫大笑了起来："为了这个？笑死我了，我也常做梦，梦到我在开罗有个房子，后院有7棵无花果树和一个日晷，日晷旁边有个水池，池底藏着好多金币呢！你真是疯了！快滚回你的开罗吧，别到伊斯法罕来说梦话了！"

开罗人衣衫褴褛，一无所有地回到了开罗，邻居看他的可怜相，都笑他疯了。但是，回家没几天，他竟成为开罗最有钱的人。因为那警卫说的7棵无花果树和水池，正在他家的后院。他在水池底下，挖出了成千上万的金币。

只要你紧握住梦想，就不用怕别人的冷嘲热讽，因为他们无法再次偷走你的梦想。而所有偷梦者泼向你的冷水，正足以灌溉你梦想的种子，使之茁壮成长为大树。你应感谢他们给你的冷水，真心地感恩，因为待你梦想成真之后，你将与他们分享。

心爱的东西不见了，可以再去买；钱花光了，可以再赚回来；唯独梦想若是被偷走了，就难以再寻觅回来。除非你愿意，否则没有人可以偷走你的梦想。

常常是最后一把钥匙打开了门

有位小伙子爱上了一位美丽的姑娘。他壮着胆子给姑娘写了一封求爱信。没几天,她给他回了一封奇怪的信。这封信的封面上署有姑娘的名字,可信封内却空无一物。小伙子感到奇怪:如果是接受,那就明确说出;如果不接受,也可以明确说出,怎么什么都没有?

小伙子鼓足信心,日复一日地给姑娘写信,而姑娘照样寄来一封又一封的信封。一年之后,小伙子寄出了整整99封信,也收到了99封回信。小伙子拆开前98封回信,全是空信封。对第99封回信,小伙子没有拆开它,他再也不敢抱任何希望。他心灰意冷地把那第99封回信放在一个精致的木匣中,从此不再给姑娘写信。

两年后,小伙子和另外一位姑娘结婚了。新婚不久,妻子在一次清理家什时,偶然翻出了木匣中的那封信,好奇地拆开一看,里面的信纸上写着:已做好了嫁衣,在你的第100封信来的时候,我就做你的新娘。

当夜,已为人夫的小伙子爬上摩天大厦的楼顶,手捧着99封回信,望着万家灯火的美丽城市,不觉间已是潸然泪下。

因为屡屡碰壁,便放弃努力,最终与梦想擦肩而过,有多少人都是这样的?许多时候,真正让梦想遥不可及的并不是没有机遇,而是面对近在眼前的机遇,我们没有去"再试一次"。要知道,常常

5. 再长的路，一步步也能走完，再短的路，不迈开双脚也无法到达是最后一把钥匙打开了门。

在绝望中多坚持一下，往往会带来惊人的喜悦。上帝不会给人不能承受的痛苦，所有的苦都可以忍耐，事实上，一个人只要具备了坚忍的品质，便可以苦中取乐，若懂得苦中取乐，则必然会苦尽甘来。

超人的意志可以创造超乎想象的奇迹

多年以前，富有创造精神的工程师约翰·罗布林雄心勃勃地意欲着手建造一座横跨曼哈顿和布鲁克林的桥。然而桥梁专家们却说这计划纯属天方夜谭，不如趁早放弃。罗布林的儿子华盛顿，是一个很有前途的工程师，也确信这座大桥可以建成。父子俩克服了种种困难，在构思着建桥方案的同时也说服了银行家们投资该项目。

然而，桥开工仅几个月，施工现场就发生了灾难性的事故。罗布林在事故中不幸身亡，华盛顿的大脑也严重受伤。许多人都以为这项工程因此会泡汤，因为只有罗布林父子才知道如何把这座大桥建成。

尽管华盛顿丧失了活动和说话的能力，但他的思维还同以往一样敏锐，他决心要把父子俩费了很多心血的大桥建成。一天，他脑中忽然一闪，想出一种用他唯一能动的一个手指和别人交流的方式。他用那只手敲击他妻子的手臂，通过这种密码方式由妻子把他的设计意图转达给仍在建桥的工程师们。整整13年，华盛顿就这样用一根手指指挥工程，直到雄伟壮观的布鲁克林大桥最终落成。

当你想要放弃时，不妨想想这个故事，只要愿意坚持，也许阳光就在转弯的不远处，如果此刻放弃，我们将永远看不到成功的希望。人生路上，我们能否获得成功，往往就在于，当目标确立以后，是不是可以百折不挠地去坚持、去忍耐，直至胜利为止。

在等待中积聚力量，然后实现灿烂的绽放

旅行家安东尼奥·雷蒙达前往南美探险，当他历尽艰辛登上海拔 4000 多米的安第斯高原时，被荒凉的草地上一种巨大的草本植物所吸引。

他马上跑了过去。那植物正在开着花儿，极是壮观，巨大的花穗高达 10 米，像一座座塔般矗立着。每个花穗之上约有上万朵花，空气中流动着浓郁的香气。雷蒙达走遍世界各地，从来没有见过这样的奇花，他满怀惊叹绕着这些花细细地观赏。他发现，有的花正在凋谢，而花谢之后，植物便枯萎了！这到底是什么植物？

正当雷蒙达满心疑惑之时，在脚下松软的枯枝败草中，他踩到了一样东西，拾起一看，是一只封闭的铁罐。他撬开铁罐，从中拿出一张羊皮卷来。他小心地展开羊皮卷，上面写着字，虽然有些模糊，但他还是细细地看下去。这是一篇旅行日记，日期是 70 年前，原来曾经有人到过这里，并关注着这种植物。日记中写道："我被这种植物吸引了，研究许久，不知它们是否会开花儿。经我的判断，

5. 再长的路，一步步也能走完，再短的路，不迈开双脚也无法到达

它们已经生长了 30 年了……"雷蒙达极为震惊，难道这种植物要生长 100 年才会开花儿？

雷蒙达回去以后，将这件事告知了植物学家，植物学家们亲临高原考察，得出结论，这是一个新物种，它们的确是 100 年才开一次花！他们称这种植物为普雅。

用 100 年的生命去摇曳一次的美丽，普雅花丰盈了自己的一生，也许并不是为了灿烂世人的眼睛。这样的植物，从萌芽到凋零，都是美丽的！因为，在那百年的历程中，有多少风霜？有多少苦寒？这需要怎样的坚韧？怎样的积蓄？可以说，最后那一刻的绽放，不只是惊世之美，更是对坚守生命价值所作出的最圆满的诠释。

生命的绽放有时需要去等待。因为人生不会总是一帆风顺，春风得意。在那些不顺利、不如意面前，我们需要的是坚韧的精神，在等待中积聚力量，然后实现灿烂的绽放。

已然挺过多少难，别差最后一点点

有一位年轻人毕业后被分配到一个海上油田钻井队工作。在海上工作的第一天，领班要求他在限定的时间内登上几十米高的钻井架，把一个包装好的漂亮盒子拿给在井架顶层的主管。年轻人抱着盒子，快步登上狭窄的、通往井架顶层的舷梯，当他气喘吁吁、满头大汗地登上顶层，把盒子交给主管时，主管只在盒子上面签下自己的名字，又让他送回去。于是，他又快步走下舷梯，把盒子交给

领班,而领班也是同样在盒子上面签下自己的名字,让他再次送给主管。

年轻人看了看领班,犹豫了片刻,又转身登上舷梯。当他第二次登上井架的顶层时,已经浑身是汗,两条腿抖得厉害。主管和上次一样,只是在盒子上签下名字,又让他把盒子送下去。年轻人擦了擦脸上的汗水,转身走下舷梯,把盒子送下来,可是,领班还是在签完字以后让他再送上去。

年轻人终于开始感到愤怒了。他尽力忍着不发作,擦了擦满脸的汗水,抬头看着那已经爬上爬下了数次的舷梯,抱起盒子,步履艰难地往上爬。当他上到顶层时,浑身上下都被汗水浸透了,汗水顺着脸颊往下淌。他第三次把盒子递给主管,主管看着他慢条斯理地说:"把盒子打开。"

年轻人撕开盒子外面的包装纸,打开盒子——里面是两个玻璃罐:一罐是咖啡,另一罐是咖啡伴侣。年轻人终于无法克制心头的怒火,把愤怒的目光射向主管。主管又对他说:"把咖啡冲上。"此时,年轻人再也忍不住了,"啪"的一声把盒子扔在地上,说:"我不干了。"说完,他看看扔在地上的盒子,感到心里痛快了许多,刚才的愤怒发泄了出来。

这时,主管站起身来,直视他说:"你可以走了。不过,看在你上来三次的份上我可以告诉你,刚才让你做的这些叫作'承受极限训练',因为我们在海上作业,随时会遇到危险,这就要求队员们有极强的承受力,承受各种危险的考验,只有这样才能成功地完成海上作业任务。很可惜,前面三次你都通过了,只差这最后的一点点,你没有喝到你冲的甜咖啡,现在,你可以走了。"

忍耐,大多数时候是痛苦的,因为忍耐压抑了人性。但是,成功往往就是在你忍耐了常人所无法承受的痛苦之后,才出现在你面前的。千万不要只差那么一点点就放弃了。

5. 再长的路，一步步也能走完，再短的路，不迈开双脚也无法到达

运气偶然促成成功，执着能使成功成为必然

　　一提起史泰龙，大家都知道他是一个世界顶尖级的电影巨星，可是他未成名之前的故事，你又知道多少？

　　史泰龙生长在一个酒赌暴力家庭，父亲赌输了就拿他和母亲撒气，母亲喝醉了酒又拿他来发泄，他常常是鼻青脸肿。

　　高中毕业后，史泰龙辍学在街头当起了混混儿，直到20岁那年，有一件偶然的事刺痛了他的心。再也不能这样下去了，要不就会跟父母一样，成为社会的垃圾，我一定要成功！

　　史泰龙开始思索、规划自己的人生：从政，可能性几乎为零；进大公司，自己没有学历文凭和经验；经商，没有任何的资金。竟没有一个适合他的工作，他便想到了当演员，不要资本，不需名声，虽说当演员也要条件和天赋，但他就是认准了当演员这条路！

　　于是，史泰龙来到好莱坞，找明星、求导演、找制片，寻找一切可能使他成为演员的人，四处哀求："给我一次机会吧。我一定能够成功！"可他得来的只是一次次的拒绝。

　　"世上没有做不成的事！我一定要成功！"史泰龙依旧痴心不改，一晃两年过去了，遭受到了一千多次的拒绝，身上的钱花光了，他便在好莱坞打工，做些粗重的零活以养活自己。

　　"我真的不是当演员的料吗？难道酒赌世家的孩子只能是酒鬼、赌鬼吗？不行，我一定要成功！"史泰龙暗自垂泪，失声痛哭。

"既然直接当不了演员，我能否改变一下方式呢？"史泰龙开始重新规划自己的人生道路，开始写起剧本来，两年多的耳濡目染，两年多的求职失败经历，现在的史泰龙已经不是过去的他了。

一年之后，剧本写出来了，史泰龙又拿着剧本四处遍访导演，"让我当男主角吧，我一定行！"

"剧本不错，当男主角，简直是天大的玩笑！"他又遭受了一次次的拒绝。"也许下一次就行！我一定能够成功！"一次次失望，一个个的希望又支持着他！"我不知道你能否演好，但你的精神一次次地感动着我。我可以给你一次机会，但我要把你的剧本改成电视连续剧，同时，先只拍一集，就让你当男主角，看看效果再说。如果效果不好，你便从此断绝这个念头！"在他遭遇一千三百多次拒绝后的一天，一个曾拒绝过他二十多次的导演终于给了他一丝希望。

史泰龙经过3年多的准备，现在终于可以一展身手了，因此，他丝毫不敢懈怠，全身心地投入。第一集电视连续剧创下了当时全美最高收视纪录，史泰龙成功了！

有人总将别人的成功归咎于运气。诚然，是有那么一点点运气的成分，但运气这东西并不可靠，你见过哪一个英雄是完全依靠运气成功的？而执着，却能使成功成为必然！执着，就是要我们在确立合理目标以后，无论出现多少变故、无论面对多少艰难险阻，都不为所动，朝着自己的目标坚定不移地走下去。一个人若想好好生存，就需要这种忍耐与坚持。

5. 再长的路，一步步也能走完，再短的路，不迈开双脚也无法到达

永远，永远，不要放弃

那是个真正的多事之秋。而在黑暗的岁月中，人们仅剩的光线，其实只有一道，那就是——信念。1940年5月10日英王授权海军大臣丘吉尔组织新内阁。丘吉尔发表著名的就职演说，他说："我没有别的，只有热血、辛劳、眼泪和汗水贡献给大家。"他又补充说："你们问我们的政策是什么？我说，我们的政策就是用上帝给予我们的全部能力和全部力量在海上、陆地上和空中进行战争；同一个邪恶悲惨的人类罪恶史上从未见过的穷凶极恶的暴政进行战争。这就是我们的政策。你们问：我们的目的是什么？我可以用一个词来答复：胜利——不惜一切代价去争取胜利，无论多么恐怖也要去争取胜利；无论道路多么遥远和艰难，也要去争取胜利；因为没有胜利，我们就不能生存。"

丘吉尔的演讲向德国法西斯分子坚定地表明了与之斗争到底的决心和态度。这样，英国成为二战中同盟军中的坚强分子。丘吉尔作为在英国政治舞台上卓有领导才能的首相之一深受人民的尊崇。当时著名的英国社会活动家詹宁斯·普里特指出："丘吉尔无论遭到何种挫折与失败，始终是一个强者，他善于鼓舞民众并且毫不妥协地敌视德国人。"

然而，就在丘吉尔指挥若定，避免英伦三岛沦亡的战功永垂青史的时候，在战后的首次大选中，丘吉尔却被选民赶下了台。不过，

丘吉尔既没有怨天尤人，也没有躺在过去的功劳簿上自我陶醉或是干脆自成一党用来夺回失去的权力。而是厉兵秣马，摩拳擦掌，徐图再战。

有一回应邀在剑桥大学毕业典礼上致辞。那天他坐在首席上，打扮一如平常，头戴一顶高帽，手持雪茄，一副怡然自得的样子。经过隆重但稍显冗长的介绍词之后，丘吉尔走上讲台，两手抓住讲台，注视观众大约沉默了两分钟，然后他就用那种他独特的风范开口说："永远，永远，永远不要放弃！"接着又是长长的沉默，然后他又一次强调："永远，永远，不要放弃！"最后在他再度注视观众片刻后蓦然回座。

无疑地，这是历史上最短的一次演讲，也是丘翁最脍炙人口的一次演讲。这句话中代表了什么，时至今日，仍是仁者见仁，智者见智，令人回味无穷。

结果，丘吉尔在后来的竞选中又夺回了首相宝座，并成为英国一代贤相，丘吉尔再一次靠信念和勇气取得了胜利。

命运一直掌握在个人手中，唯一能逼你放弃的人，只有你自己，只要你紧握在手、坚持到底，扼住命运的咽喉，一切不幸都会畏惧你，逃离你。可是，如果你对自己都失去信心，那么谁还敢相信你呢？太阳每天都会下山是个真理，但是你记得哪天它忘了出来吗？

6.
在爱别人的同时,也要学会爱自己

生活不是只有温暖,人生的路不会永远平坦,但只要你知道爱自己,懂得珍惜自己,世界的一切不完美,你都可以坦然面对。

无论如何，你要把自己当回事

有一个生活在孤儿院中的小男孩，常常悲观地问院长："像我这样的没人要的孩子，活着究竟有什么意思呢？"

院长总笑而不答。

有一天，院长交给男孩一块石头，说："明天早上，你拿这块石头到市场上去卖，但不是'真卖'。记住，无论别人出多少钱，绝对不能卖。"

第二天，男孩拿着石头蹲在市场的角落，意外地发现有不少人对他的石头感兴趣，而且价钱愈出愈高。回到院内，男孩兴奋地向院长报告，院长笑笑，要他明天拿到黄金市场去卖。在黄金市场上，有人出比昨天高10倍的价钱来买这块石头。

最后，院长叫孩子把石头拿到宝石市场上去展示，结果，石头的身价又涨了10倍，更由于男孩怎么都不卖，竟被传扬为"稀世珍宝"。

男孩兴冲冲地捧着石头回到孤儿院，把这一切告诉院长，并问为什么会这样。院长没有笑，望着孩子慢慢说道："生命的价值就像这块石头一样，在不同的环境下就会有不同的意义。一块不起眼的石头，由于你的惜售而提升了它的价值，竟被传为稀世珍宝。你不就像这块石头一样？只要自己看重自己，自我珍惜，生命就有意义、有价值。"

6. 在爱别人的同时，也要学会爱自己

自己把自己不当回事，别人更瞧不起你，生命的价值首先取决于你自己的态度，珍惜独一无二的自己，珍惜这短暂的几十年光阴，然后再去不断充实、发掘自己。

如果命运给了你残酷打击，你就抓住它的脉门绝地反击

一名警察有着超人的听力，可以辨别不同时间、环境中发出声音的细微差异，比如，能凭借窃听器里传来的嘈杂的汽车引擎声，判断犯罪嫌疑人驾驶的是一辆标致、本田还是奔驰。他还会说七国语言。这些非凡的能力，使他成为警局中对抗恐怖主义和有组织犯罪的珍惜人才。

可谁能想到，这位超级英雄手里握的不是一支枪，而是，一支盲人手杖。

他叫夏查·范洛，是比利时警察局的一名盲人警察。

他曾一度在失明的痛苦和恐惧中沉沦。直至17岁那一年，他的人生获得了新生的力量。

有一天，他因判断失误，撞上了一辆响着铃的自行车。他愤恨，怪对方说自己是瞎子，他觉得是对方故意撞倒他的，而对方留下了一句不经意却让他铭刻在心的话。

那人说："铃按得那么响，眼睛看不见，不会用耳朵听吗？！"

呆了好半响，范洛才回过神来——终于，他想到了自己的耳朵。

现在，范洛从不忌讳别人说自己是盲人。他常说，正因为我看不见，我才会听到别人无法听到的声音！

"眼睛看不见，不会用耳朵听吗？"多么简单而精辟的哲理！上苍真的很公平，命运在向范洛关闭一扇门的同时，又为他开启了另一扇门……

有太多太多的人被某一天、某一刻、某一件事改变了人生，生命的车轮折向了他们不想去的地方。他们慨叹失去，慨叹不公，把自己封锁在了自己设定的暗盒中。但是，不能啊，不能让精神世界的匮乏伴随自己走过余生！看看那些抓住"光明"扳转命运的人们吧——有一些失去何尝不是人生另一段成功旅途的起点！

打开不一样的窗，你会看到不一样的风景

某镇上有一个小女孩儿，一天，她打开窗户，正巧看见邻居在宰杀一条狗。那条狗平时常和小女孩儿在一起嬉戏，小女孩儿看着这悲惨的场面，不禁泪流满面，悲恸不已。她的母亲见状，便把小女孩儿领到另一个房间，打开了另一扇窗户。窗外是一片美丽的花园，明媚的阳光暖和地照着，鲜花五彩缤纷，蝴蝶和蜜蜂在花丛间飞舞。

小女孩儿看了一会儿，心里的愁云顿时一扫而空，心境重新开朗起来。母亲抚摸着女儿的头，说："孩子，你开错了窗子。"

人生路上，我们常会开错"窗"，并且又执拗地深陷其中无法自

6. 在爱别人的同时，也要学会爱自己

拔，因而错过了另外一路好风景。

这时又想起了一个故事。一架客机在飞行中出现故障，所有乘客大惊失色，有的不断祷告，有的痛哭咒骂，只有一个老太太神态自若。很幸运，不久之后，飞机故障排除了。事后，机长好奇地问老太太："您为什么可以如此镇静？"老太太说："飞机故障排除，我就可以去看我的小女儿；万一失事，我就可以见到我的大女儿了，她已在10年前去了天堂。"

老太太之所以拥有如此豁达的心境，是因为她开对了人生的窗。

人生的旅途中，我们要面临很多事情，打开不一样的窗，就会看到不一样的风景，拥有不一样的心境，走向不一样的人生。如果一不小心，你推开的是那扇"让人不愉快的窗"，请马上关上它，并试着推开另一扇窗。

世界不会抛弃谁，是我们在惶恐中抛弃了世界

圣诞之夜，绚烂的礼花夺去了原本属于星空的美丽。在礼花闪耀的瞬间，一位老妇人看到有个年轻人在轻轻哭泣。

老妇人走上前，关心地问道："如此美好的夜晚，你为什么要哭泣呢？"

年轻人抬起头，伤心地说："这个世界要剥夺我眼睛欣赏的能力，我的世界即将永远失去色彩，一生在黑白之中度过！"

老妇人闻言，拉起年轻人的胳膊，说道："那么，你随我去一个

地方好吗？"

两个人不知走了多久，直到一个华丽的歌剧院门口才停下来。老妇人轻轻闭上眼睛，就那样静静伫立着，过了好一会儿，她才说："你听到没有？多么美妙的音乐？你能不能听出它的颜色？如果上天剥夺了我们用眼睛欣赏的能力，我们就用听去欣赏，因为它也是你世界中的一部分。"年轻人闻言，露出了欣喜的笑容。

一个月以后，老妇人又在广场上看到了那个年轻人，这次他躲在角落中暗自流泪。老妇人很是纳闷，走上前问道："你为什么又要哭呢？"可是年轻人丝毫没有反应。老妇人拍了拍他的肩，年轻人随即抬起头来，见到是老妇人反而哭得更伤心。他哽咽着说："现在，我连唯一可以感觉色彩的听觉也丧失了，我余下的人生该怎样度过？我真的很害怕啊！"像上次一样，老妇人又将年轻人带到了一个空旷的体育场，她写道："你可以尽情地去奔跑，把所有的痛苦都发泄出来，如果累了就停下来。"年轻人依言而行，他在体育场上疯跑、呼喊，直到筋疲力尽。老妇人走了过来，写道："你看，这片土地可以任你尽情奔跑，你还可以用脚去感受这个世界，而很多人连脚都没有，你不觉得幸运吗？"年轻人想了想，感到老妇人说得很有道理，于是又高兴地笑了起来。

没过多久，老妇人再一次遇到年轻人，这次他已经哭成了泪人，哭声中透露着无比的绝望与悲哀。他坐在轮椅上，向老妇人哭诉自己的不幸："老天先是夺去了我欣赏色彩的能力，而后又剥夺了我倾听世界的权利，现在它连我用脚感知世界的幸福都一并夺去，这个世界已经彻彻底底放弃了我，我活着还有什么意义？"老妇人让年轻人张开双臂，轻风拂过年轻人的脸庞、发丝、身体，亦如慈母那充满爱怜的双手。年轻人突然明白了老妇人的用意，他再次笑了起来。老妇人拉过他的手，在手心中写道：世界不会抛弃任何人，只有你会抛弃你自己。年轻人感到非常幸福和满足，因为他一直拥有整个世界!

几个月以后,老妇人再次见到了年轻人,不过,这次是在宣扬"残疾人成功创业事迹"的电视访谈节目上。

命运并不可怕,怕的是向命运屈服,世界不会抛弃谁,那些受不了挫折打击的人,是他们抛弃了世界。于是,他们便真的一无所有了。这个世界真的挺好,阳光就在我们头顶,阔土就在我们脚下,只要你不放弃,这个世界永远属于你。

只要你选择了阳光,心灵就会充满温暖

田野里住着田鼠一家。夏天快要过去了,他们开始储备干果、稻谷和其他食物,准备过冬。只有一只田鼠例外,他的名字叫作弗雷德里克。

"弗雷德里克,你怎么不干活呀?"其他田鼠问道。

"我有活干呀!"弗雷德里克回答。

"那么,你储备什么呢?"

"我储备阳光、颜色和单词。"

"什么?"其他田鼠吃了一惊,相互看了看,以为这是一个笑话,笑了起来。

弗雷德里克没有理会,继续工作。

冬季来了,天气变得很冷很冷。

其他田鼠想到了弗雷德里克,跑去问他:"弗雷德里克,你打算

怎么过冬呢，你储备的东西呢？"

"你们先闭上眼睛。"弗雷德里克说。

田鼠们有点奇怪，但还是闭上了眼睛。

弗雷德里克拿出第一件储备品，说："这是我储备的阳光。"

昏暗的洞穴顿时变得晴朗，田鼠们感到很温暖。

他们又问："还有颜色呢？"

弗雷德里克开始描述红的花、绿的叶和黄的稻谷，说得那么生动，田鼠们仿佛真的看到了夏季田野的美丽景象。

他们又问："那么，你的那些单词呢？"

于是弗雷德里克讲了一个动人的故事，田鼠们听得入了迷。

最后，他们变得兴高采烈，欢呼雀跃："弗雷德里克，你真是一个诗人！"

人生如四季，也有阴晴圆缺，无论何时何地，总难免有不愉快的事情发生。但是只要你选择了阳光，你的心灵就永远充满灿烂和温暖。

幸福不是靠别人施舍，而是要自己去赢取别人的喜爱

索菲的丈夫因脑瘤去世后，她变得郁郁寡欢，脾气暴躁，以后的几年，她的脸一直紧绷绷的。

一天，索菲在小镇拥挤的路上开车，忽然发现一幢房子周围竖

6. 在爱别人的同时，也要学会爱自己

起一道新的栅栏。那房子已有一百多年的历史，颜色变白，有很大的门廊，过去一直隐藏在路后面。如今马路扩展，街口竖起了红绿灯，小镇已颇有些城市的味道，只是这座漂亮房子前的大院已被蚕食得所剩无几了。

可地上总是打扫得干干净净，上面绽开着鲜艳的花朵。一个系着围裙、身材瘦小的女子，经常会在那里，侍弄鲜花，修剪草坪。

索菲每次经过那房子，总要看看迅速竖立起来的栅栏。一位年老的木匠还搭建了一个玫瑰花阁架和一个凉亭，并漆成雪白色，与房子很相称。

一天她在路边停下车，长久地凝视着栅栏。木匠高超的手艺令她惊叹不已。她实在不忍离去，索性熄了火，走上前去，抚摸栅栏。它们还散发着油漆味。里面的那个女人正试图开动一台割草机。

"喂！"索菲一边喊，一边挥着手。

"嘿，亲爱的。"里面那个女人站起身，在围裙上擦了擦手。

"我在看你的栅栏。真是太美了。"

那位陌生的女子微笑道："来门廊上坐一会儿吧，我告诉你栅栏的故事。"

她们走上后门台阶，当栅栏门打开的那一刻，索菲欣喜万分，她终于来到这美丽房子的门廊，喝着冰茶，周围是不同寻常又赏心悦目的栅栏。"这栅栏其实不是为我设的。"那妇人直率地说道，"我独自一人生活，可有许多人来这里，他们喜欢看到真正漂亮的东西，有些人见到这栅栏后便向我挥手，几个像你这样的人甚至走进来，坐在门廊上跟我聊天。"

"可面前这条路加宽后，这儿发生了那么多变化，你难道不介意？"

"变化是生活中的一部分，也是铸造个性的因素，亲爱的。当你不喜欢的事情发生后，你面临两个选择：要么痛苦愤怒，要么振奋

前进。"当索菲起身离开时,那位女子说:"任何时候都欢迎你来做客,请别把栅栏门关上,这样看上去很友善。"

索菲把门半掩住,然后启动车子。内心深处有种新的感受,但是没法用语言表达,只是感到,在她那颗愤怒之心的四周,一道坚硬的围墙轰然倒塌,取而代之的是整洁雪白的栅栏。她也打算把自家的栅栏门开着,对任何准备走近它的人表示出友善和欢迎。

无论发生什么情况,你都有权利再快乐地活下去。我们必须了解:幸福并不是靠别人施舍,而是要自己去赢取别人对你的需求和喜爱。

走出自己的狭小空间,敞开你的心门,用真心去面对身边的每一个人,收获友情的同时,你眼中的世界会更加美好。没有人会为你设限,人生真正的劲敌,其实是你自己。别人不会对你们封锁沟通的桥梁,可是,如果你自我封闭,又如何能得到别人的友爱和关怀?

跳出来看自己,你的灵魂就会做出勇敢的抉择

有一位朋友,刚刚升职一个多月,办公室的椅子还没坐热,就因为工作失误被裁了下来,雪上加霜的是,与他相恋了五年的女友在这时也背叛了他,跟着一个富人走了。事业、爱情的双失意令他痛不欲生,万念俱灰的他爬上了以前和女友经常散步的山。

一切都是那么熟悉,又是那么陌生。曾经的山盟海誓依稀还在

6. 在爱别人的同时，也要学会爱自己

耳边，只是风景依旧，物是人非。他站在半山腰的一个悬崖边，往事如潮水般涌上心头，"活着还有什么意思呢？"他想，"不如就这样跳下去，反倒一了百了。"

他还想看看曾经看过的斜阳和远处即将靠岸的船只，可是抬眼看去，除了冰冷的峭壁，就是阴森的峡谷，往日一切美好的景色全然不见。忽然间又是狂风大作，乌云从远处逐渐蔓延过来，似乎一场大雨即将来临。他给生命留了一个机会，他在心里想："如果不下雨，就好好活着，如果下雨就了此余生。"

就在他闷闷地抽烟等待时，一位精神矍铄的老人走了过来，拍拍他的肩膀说："小伙子，半山腰有什么好看的？再上一级，说不定就有好景色。"老人的话让他再也抑制不住即将决堤的泪水，他毫无保留地诉说了自己的痛苦遭遇。这时，雨下了起来，他觉得这就是天意，于是不言不语，缓缓向悬崖走去。老人一把拉住了他，"走，我们再上一级，到山顶上你再跳也不迟。"

奇怪的是，在山顶他看到了截然不同的景色。远方的船夫顶着风雨引吭高歌，扬帆归岸。尽管风浪使小船摇摆不定，行进缓慢，但船夫们却精神抖擞，一声比一声有力。雨停了，风息了，远处的夕阳火一样地燃烧着，晚霞鲜艳得如同一面战旗，一切显得那么生机勃勃。他自己也感到奇怪，仅仅一级之差，一眼之别，却是两个不同的世界。

他的心情被眼前的图画渲染得明朗起来。老人说："看见了吗？绝望时，你站在下面，山腰在下雨，能看到的只是头顶沉重的乌云和眼前冰冷的峭壁，而换了个高度和不同的位置后，山顶上却风和日丽，另一番充满希望的景象。一级之差就是两个世界，一念之差也是两个世界。孩子，记住，在人生的苦难面前，你笑世界不一定笑，但你哭脚下肯定是泪水。"

几年以后，他有了自己的文化传播公司。他的办公室里一直悬

挂着一幅山水画，背景是一老一少坐在山顶手指远方，那里有晚霞夕阳和逆风归航的船只。题款为："再上一级，高看一眼"。

当人生的理想和追求不能实现时、当那些你以为不能忍受的事情出现时，请换一个角度看待人生，换个角度，便会产生另一种哲学，另一种处世观。

一样的人生，异样的心态。换个角度看待人生，就是要大家跳出来看自己，跳出原本的消极思维，以乐观豁达、体谅的心态来关照自己、突破自己、超越自己。你会认识到，生活的苦与乐、累与甜，都取决于人的一种心境，牵涉到人对生活的态度，对事物的感受。你把自己的高度升级了，跳出来换个角度看自己，就会从容坦然地面对生活，你的灵魂就会在布满荆棘的心灵上作出勇敢的抉择，去寻找人生的成熟。

不管你的身上发生过什么，不要让自己因此颓唐

在雨果不朽的名著《悲惨世界》里，主人公冉·阿让本是一个勤劳、正直、善良的人，但穷困潦倒，度日艰难。为了不让家人挨饿，迫于无奈，他偷了一个面包，被当场抓获，判定为"贼"，锒铛入狱。

出狱后，他到处找不到工作，饱受世俗的冷落与耻笑。从此他真的成了一个贼，顺手牵羊，偷鸡摸狗。警察一直都在追踪他，想方设法要拿到他犯罪的证据，好把他再次送进监狱，他却一次又一

6. 在爱别人的同时，也要学会爱自己

次逃脱了。

在一个风雪交加的夜晚，他饥寒交迫，昏倒在路上，被一个好心的神父救起。神父把他带回教堂，但他却在神父睡着后，把神父房间里的所有银器席卷一空。因为他已认定自己是坏人，就应干坏事。不料，在逃跑途中，被警察逮个正着，这次可谓人赃俱获。

当警察押着冉·阿让到教堂，让神父辨认失窃物品时，冉·阿让绝望地想：完了，这一辈子只能在监狱里度过了！谁知神父却温和地对警察说："这些银器是我送给他的。他走得太急，还有一件更名贵的银烛台忘了拿，我这就去取来！"

冉·阿让的心灵受到了巨大的震撼。警察走后，神父对冉·阿让说："过去的就让它过去，重新开始吧！"

从此，冉·阿让洗心革面，重新做人。他搬到一个新地方，努力工作，积极上进。后来，他成功了，毕生都在救济穷人，做了大量对社会有益的事情。

毫无疑问，冉·阿让正是由于摆脱了过去的束缚，才能重新开始生活、重新定位自己。我们常说，"好汉不提当年勇"，同样，聪明人也不应该常忆当年的伤。将失意放在心上，它就会成为一种负担，容易让我们形成一种思维定式，结果往往令人依旧沉沦其中，甚至是走向堕落。

或许，我们之中有很多人都明白这一点，只是我们很容易将欢乐忘却，但对哀愁却情有独钟，这显然是对遗忘哀愁的一种抗拒。换言之，我们习惯于淡忘生命中美好的一切，而对于痛苦的记忆，却总是铭记在心。难道真是因为痛苦会令我们记忆深刻吗？当然不是，这完全是出于我们对过去的执着。其实，昨日已成昨日，昨日的辉煌与痛苦，都已成为过眼云烟，我们何必还要死死守着不放？如果能倒掉昨日的那杯茶，我们的人生才能洋溢出新的茶香。

终日想着那些不幸的经历和已经错误的路途，只会加剧我们自

身的伤痛，也只会让我们对未来的看法越来越黑暗，心也越来越焦虑。忘掉它们，把那些痛苦的过往从记忆中逐出，就像把一个盗贼从自己家逐出一样。应当从记忆中抹去一切使我们焦虑、痛苦的事情，只有把这些放下了、忘记了，我们才能重新开始一种人生，所以，对于那些不幸的经历，唯一值得去做的，就是彻底将它们埋葬。

黑暗的角落里，画一扇窗给自己

　　黄永玉是我国著名的书画艺术家，他自幼喜爱绘画，少年时期便因木刻作品蜚声画坛，有"中国三神童之一"的美誉。但也许你想不到，这样一位绘画大师，同时也是一位"心境"大师。

　　那一年，黄永玉带着他那颗饱经沧桑的心来到了北京，就住在今天被他命名为"芥末"的故居中。这是一所四壁是墙的老房子，除了一个极为狭窄的门外，整幢房子连一扇窗也没有。倘若关了门，房间里就会如同半夜一样黑得伸手不见五指。然而出人意料的是，黄永玉并没有嫌弃这个令人憋闷的家，反而开口大笑起来。只见他一边笑，一边拿出一张白纸贴在墙上，然后开始在白纸上画画。不一会儿，纸上便出现了一扇极为逼真的窗户，与真的窗户几乎毫无两样。顿时，整个房间明亮起来，就像屋外的阳光一下子都涌进了这间小屋一样。在场的所有人都被震住了，然后便纷纷鼓掌叫起"好"来。

人们之所以会连连叫"好",除了惊叹黄永玉大师出神入化、摄人心魄的画技外,恐怕更多的是被他这种"画一扇窗给自己"的豁达超然的人生态度所折服吧。

角度不同,对问题的看法各有所异,有人积极,有人消极。消极思维者只看坏的一面,对事物总能找到消极的解释,最终他们也将得到消极的结果。而积极思维者却更愿意从好的方面考虑问题,并通过自己的努力,得到一个积极的结果。

爱你的心灵,别让它因为受苦而不再充满活力

涛的双腿残疾,但他的心情似乎从未因此而沉闷、忧郁,他在每日的黄昏都会吹起他心爱的笛子。

乐声像清晨的光芒,从他修长的手指间倾泻而出。那些欢快的、像露珠般纯洁、像水晶般剔透的音乐感染着附近的居民,给他们木然而单调的生活增添了一些鲜活的色彩。因为涛的笛声,人们发现天空是那么明丽,生活是那么轻松惬意。

那个时候,在炎热的夏夜,涛的笛声四处回旋,让人们忘却了白天工作的紧张、劳累和压抑。在灰色又琐碎的生活背后,普通人因涛的笛声而感到安详、快乐,而涛对每一天充满期待,对每一个邻居充满笑意和感谢。

涛只活到30岁,但他的生命历程到今天都没有消失。在那条街,只要有音乐,有夏夜的星空,就有涛临窗而坐的身影,有他蓬

勃的生命力。

他常说一句话："我的脚不能走路了,我的音乐可以和人们一道走得更远。"

涛的生命是短暂的,并且在这短暂的生命里失去了走路的权利。但人们永远记得他的笛声,记得他带给别人的安详和快乐。

今生,不论你能走多远,不论你能得到多少生命的馈赠,爱你的"心灵",别让它沾染人世的黑暗,别让它因为受苦而不再充满活力。

生命的价值也许并不仅仅体现在强大的财力、曼妙的姿容、健康的体魄……更本质的是,生命是否可以超越平凡,升入到更高的境地。在更高的天空,彩虹的美是有目共睹的。因为,只有经历过风雨的洗礼,生命才更美丽,才更能显示出它宝贵而华美的价值,才更凸显出美的含义。

掬一掌暖暖阳光,照亮一脸的忧伤

姑姑总是不由自主地在同事和朋友面前提到她的女儿:"小姑娘多伶俐可爱,可惜我实在太忙,不得不把她寄养在亲戚家里。"姑姑兴致勃勃的时候,甚至购买许多花衣服,之后,笑逐颜开地赠送给我们姐妹。

其实,姑姑一生没嫁,亦没过继子女。但是全家一直替她保守着这个秘密,直到她仙逝。姑姑是个各方面均成功的女性,唯独没有婚姻，没有女儿，所以比起她的谎言，她个人生活的缺憾更让人同情。我们体味她、理解她，在潜意识中替她勾勒并完美着女儿的形象。姑姑的岁月里一直存在一个女儿的，那就是对女儿的渴望。

我想起小时候的一件事情，父亲摊开两只宽大的手，给我看上面有什么。

"满掌阳光。"我喜悦地叫。

父亲笑了，他还想试图解释，但话到唇边，止住了。

手掌的背面，是一大片阴影。一面明，一面暗，这才是摊开的手的全部内容。但是，我宁可偏信满手都是阳光。这也一定是父亲的美好心愿。

世界的一切都是具有多面性的，有其阳光的一面，则必有其灰暗的一面。人活着，不就是为了追逐阳光，一步步远离黑暗的吗？我们的生活纵然还有很多不完美，但只要有了追求，就能逐渐接近完美。

接纳并欣赏自己的不完美，因为它是你独一无二的特征

一位人力三轮车师傅，五十多岁，相貌堂堂，如果去当演员，应该属偶像派。当别人问他为什么愿做这样的"活儿"，他笑着从车上跳下，并夸张地走了几步给人家看，哦，原来是跛足，左腿长，右腿短，天生的。

问者很尴尬，可他却很坦然，仍是笑着说，为了能不走路，拉车便是最好的伪装，这也算是"英雄有用武之地"。他还骄傲地告诉别人："我太太很漂亮，儿子也帅！"

有这样一位女子，她喜欢自助旅行，一路上拍了许多照片，并结集出版。她常自嘲地说："因为我长得丑，所以很有安全感，如果换成是美女一个人自助旅行，那就很危险了。我得感谢我的丑！"

英国有位作家兼广播主持人叫汤姆·撒克，事业、爱情皆得意，但他只有1.3米，他不自卑，别人只会学"走"，他学会了"跳"，所以，他成功了。他有句豪言："我能够得到任何想要的东西。"

欣赏自己的不完美，因为它是你独一无二的特征。欣赏自己的不完美，因为有了它才使你不至于平庸。不完美使你区别于人，世界也因你的不完美而多了一点色彩。

人生确实有许多不完美之处，每个人都会有这样或那样的缺憾。其实，没有缺憾我们就无法去衡量完美。那么，我们为什么不去欣赏自己的不完美呢？

人生最大的悲哀，是为了迎合别人埋葬了自己

陈豪一心一意想升官发财，可是从青春年少熬到斑斑白发，却还只是个小公务员。他为此极不快乐，每次想起来就掉泪。有一天下班了，他心情不好没有着急回家，想想自己毫无成就的一生，越发伤心，竟然在办公室里号啕大哭起来。

6. 在爱别人的同时，也要学会爱自己

这让同样没有下班回家的一位同事小李慌了手脚，小李大学毕业，刚刚调到这里工作，人很热心。他见陈豪伤心的样子，觉得很奇怪，便问他到底为什么难过。

陈豪说："我怎么不难过？年轻的时候，我的上司爱好文学，我便学着做诗、写文章，想不到刚觉得有点小成绩了，却又换了一位爱好科学的上司。我赶紧又改学数学、研究物理，不料上司嫌我学历太浅，不够老成，还是不重用我。后来换了现在这位上司，我自认文武兼备，人也老成了，谁知上司又喜欢青年才俊，我……我眼看年龄渐高，就要退休了，一事无成，怎么不难过？"

一个人的主见往往代表了一个人的个性，一个为了迎合别人而抹杀自己个性的人，就如同一只电灯泡里面的保险丝烧断了一样，再也没有发亮的机会。

当然，如果可以，谁都希望给所遇到的每一个人都留下良好印象，但是，没有必要为了迎合别人的口味，而放弃自己的理想、原则、追求和个性。否则，将是人生中最大的悲哀。无论如何，你要保持自己的本色，坚持做你自己。

把幸福当成一种习惯，生活才能呈现一连串的欢宴

某日清晨，在一列老式火车的卧铺车厢中，有5位男士正挤在洗手间里刮胡子。经过了一夜的折腾，隔日清晨通常会有不少人在

这个狭窄的地方做一番洗漱。此时的人们多半神情漠然，彼此间也不会交谈。

就在此时，突然有一个面带微笑的男人走了进来，他愉快地向大家道早安，但是却没有人理会他。之后，当他准备开始刮胡子时，竟然自顾地哼起歌来，神情显得十分愉快。他的这番举止令人们感到极为不悦。于是有人冷冷地、带着讽刺的口吻对这个男人说道："喂！你好像很得意的样子，怎么回事呢？"

"是的，你说得没错。"男人如此回答着，"正如你所说的那样，我是很得意，我真的觉得很愉快。"然后，他又说道，"我是把使自己觉得幸福这件事，当成一种习惯罢了。"

后来，在洗手间内所有的人都已经把"我是把使自己觉得幸福这件事，当成一种习惯罢了"这句极富意义的话牢牢地记在了心中……

无论是幸运抑或是不幸，人们心中习惯性的想法往往占有决定性的影响地位。将幸福当成一种习惯，这样顺其自然地过日子，生活才能呈现一连串的欢宴。

学会放松自己，别让压力毁了你

犹记得2000年悉尼奥运会的一个场景，那是气手枪射击决赛第八发射击，赛场气氛似乎到了窒息的程度。中国队选手陶璐娜的手在颤抖，枪口在晃动。果然，陶璐娜只打了9.4环。

6. 在爱别人的同时，也要学会爱自己

赛后，教练孙盛伟表示说，在一般的世界大赛决赛上，射击运动员的脉搏约为每分钟130次，而这场比赛中，运动员的脉搏则达到了160次左右！陶璐娜的气手枪重量为一千一百多克，扣扳机的力量在500克以上。靶心的那个黑点直径为10毫米，0.1环的差距仅仅是0.5毫米。胜负成败就在细微差别之中。所以，射击比赛对运动员的心理素质要求非常高，任何细小的情绪波动都将反应到手腕上、枪口上，并在黑色的靶心上留下不能抹去的印记。所以，运动员最好不要苛求自己。以平常心应战，这才是比赛胜利的不二法门。

为了在竞争中不被淘汰，我们就要不断提高对自身的要求，但上进归上进，我们还是不要给自己太大的压力。事实上，压力既是推动人前进的"推进器"，也会变成破坏人生的"定时炸弹"。

过高地要求自己，需要我们拼尽全部的心力，也未必能够得到满足，这样，奋斗的过程只剩下压抑感和紧张感，乐趣全失。时间一久，内心便会产生无法排解的疲劳感，整个人就像被蛀空的大树，虽然外面看起来粗壮，稍遇大风雨就会拦腰折断。

不为别人的拥有而失意，多为自己的拥有而开怀

某国一位著名的女高音歌唱家，芳龄仅仅三十多岁就已经红得发紫，誉满全球。

一次她到邻国来开独唱音乐会，入场券早在一年以前就被抢购

一空，当晚的演出也受到极为热烈的欢迎。演出结束之后，歌唱家和丈夫、儿子从剧场里走出来的时候，一下子被早已等在那里的观众团团围住。人们七嘴八舌地与歌唱家攀谈着，其中不乏赞美和羡慕之词。

有的人恭维歌唱家大学刚刚毕业就开始走红进入了国家级的歌剧院，成为扮演主要角色的演员；有的人恭维歌唱家有个腰缠万贯的某大公司老板做丈夫，而膝下又有个活泼可爱、脸上总带着微笑的小男孩……

在人们议论的时候，歌唱家只是在听，并没有表示什么。等人们把话说完以后，才缓缓地说道：

"我首先要谢谢大家对我和我的家人的赞美，我希望在这些方面能够和你们共享快乐。但是，你们看到的只是一个方面，还有另外的一个方面没有看到。那就是你们夸奖活泼可爱、脸上总带着微笑的这个小男孩，不幸是一个不会说话的哑巴，而且，在我的家里他还有一个姐姐，是需要长年关在装有铁窗房间里的精神分裂症患者。"

歌唱家的一席话使人们震惊得说不出话来，你看看我，我看看你，似乎是很难接受这样的事实，但事实却就是这样。

上帝是公平的，给予每一个人的欢乐与痛苦都与他的付出成正比。只是我们只看到了别人好的一面，却没有看到他们曾经的努力或是背后隐藏的黯然，而我们又只看到了自己消极的一面，却不懂得为拥有而开怀。

其实我们所拥有的，别人不一定拥有，每个人都有他自己的长处，每个人也都有他自身的不足，所以，我们不必为别人的拥有而失意，应该多为自己的拥有而开怀。

6. 在爱别人的同时，也要学会爱自己

如果事情控制不了，就选择去喜欢

一位美国旅行者来到苏格兰北部。他问一位坐在墙上的老人："明天天气怎么样？"

老人看也没看天空就回答说："是我喜欢的天气。"

旅行者又问："会出太阳吗？"

"我不知道。"老人回答道。

"那么，会下雨吗？"

"我不知道。"

这时旅行者已经完全被搞糊涂了。"好吧，"他说，"如果是你喜欢的那种天气，那会是什么天气呢？"

老人看着美国人，慢慢说道："很久以前我就知道自己无法控制天气，所以不管天气怎样，我都会喜欢。"

既然控制不了，就选择去喜欢！不要固执地扛住不放，有时，"顺应天命"也是一种不错的选择。别为你无法控制的事情而烦恼，你要做的决定是自己对于既成事实的态度。

别把牛奶洒了当作生死大事来对待，也别为一只瘪了的轮胎苦恼万分。既然已经发生了，就当它们是你的挫折。但它们只是小挫折，每个人都会遇到，你对待它的态度才是重要的。不管此时你想取得什么样的成绩，不管是创建公司还是为好友准备一顿简单的晚餐，事情都有可能会弄砸。如果面包放错了位置，如果你失去一次升职的机会，预先把它们考虑在内吧。否则的话，它会毁了你取胜的信心。

当自己已经尽力，但因为个人无法控制的所谓"天命"而使事情变糟时，恐慌、着急、悔恨都无济于事，何不坦然面对——清除看似天经地义的坏心情，营造自己的轻松心态。

不爱那么多，只爱八分

燕燕18岁那年高考落榜，便在家乡开了一个鲜花店。家乡的经济水平并不是很高，花店的生意也就不是很好，但维持她的生活仍是绰绰有余，而且她深深爱上了这份美丽的事业，日子过得很快乐。

然而她谈了一个男友以后，一切就都变了。他的男友是一个玩具厂的老板，手中已有几十万元资产，他们相爱一年多时间，男友始终对她很不错，她深深爱上了她的男朋友。

后来，她们结婚了，婚后的她什么都听从丈夫的。为了能照顾好丈夫和家庭，她卖掉了花店做起了全职太太，每天为他洗衣做饭，对丈夫唯命是从。她以为这样做丈夫就会对她好一辈子，然而，结婚不到两年的她，还是无奈地离婚了。离婚是她丈夫提出来的，原因是她太没有自我了。

爱一个人要把握分寸，别爱那么多，八分就足够了。

太爱一个人，会被他牵着鼻子走，动辄方寸大乱，如被魔杖点中，完全失去了自我。从此，你没有了自己的思想，没有了自己的

6. 在爱别人的同时，也要学会爱自己

喜怒哀乐。你以他为中心，跟他在一起时，他就是整个世界；不跟他在一起时，世界就是他。

不管是男人还是女人，都不要爱一个人爱得浑然忘却自我。这个社会越来越不欢迎不顾一切的爱。给他呼吸的空间，也给自己留个余地——飞蛾扑火般的爱情，正在进行时固然让人觉得壮美，但若它成为过去时，你如何收拾那一地的狼藉？投入那么多，你能否面对那惨重的损失？

正视生命的一次性，对自己的生命给予重视与尊严

一位诗人爱上了一个女人，而那个女人却无情地拒绝了他的示爱。家人非常担忧，怕他会自杀，都试着说服他。但他们越是这样尝试，他就越认为他应该自杀。他的家人不知道该怎么办，就把他的门锁起来，但他开始用头去撞门，他们变得非常害怕。

突然间，他们想到了诗人的朋友，一位得道的禅师，于是他们就来叫禅师，看能不能劝住发疯的诗人。

禅师去时，诗人正用头撞门，看样子他真的很生气，完全下定决心了。

禅师告诉他："你为什么要把这出戏演得这么大？如果你想自杀，你就自杀，为什么要制造出这么大噪声？只用头撞门你是不会死的。所以，你跟我来，我们可以爬上楼去，从十几层跃下，何其

痛快！为什么在这里搞得大家心神不宁？"

诗人不再用头撞门，他感到困惑：堂堂一个禅师，居然劝人跳楼？！

禅师继续喋喋不休："把门打开，不要再引来一大堆的观众，为什么要这么演戏，你只要跟我来，我们上楼，保证你很快会消失。"

诗人将门打开，看着禅师一脸困惑。于是禅师拉住他的手，把他用力地拉出来。

诗人往楼上走，变得越来越害怕。

他们到了楼顶，诗人突然变得很生气："你是我的朋友还是我的敌人？你好像想要杀死我。"

禅师辩解说："是你想要死，我作为朋友责无旁贷，我必须帮助你。我已经准备好了，现在我们去栏杆那儿。今夜很美，月亮已经出来了，正是个好时候。"

诗人脸色煞白，咆哮道："你是何许人，你可以强迫我去死吗？"

禅师说："你看看！这就跟你念佛一样，有口无心。你追求的那个女人，心不向你打开，你就得不到她的爱；同样地，你的心不向佛祖打开，佛能接你去他的地盘吗？"

生活中有一些人在经历了挫折之后，会像故事中的诗人一样，在生与死之间选择后者。然而，在佛界看来，自杀亦是杀生，是人的罪业。

人的一生只能活一次，每个人都是独一无二的，别人代替不了，所以要正视"生命的一次性"与"不可替代性"，对自己的生命给予重视与尊严。当你懂得尊重生命，知道生命存在的可贵与难得，就会珍惜生命。如果能够了解生命的真相，就有力量去忍受、接受、化解。所以，希望想要自杀的人都能勇敢、坚强，以生命来服务、奉献大众，这不是比寻死要好得多吗？

6. 在爱别人的同时，也要学会爱自己

对于一个聪明人来说，太阳每天都是新的

　　勒布朗先生不幸离世了，勒布朗太太觉得非常颓丧，而且生活瞬间陷入了困境。她写信给以前的老板欧文先生，希望他能让自己回去做以前的老工作。她以前靠推销世界百科全书生活。两年前她丈夫生病的时候，她把汽车卖了。于是她勉强凑足钱，分期付款才买了一部旧车，又开始出去卖书。

　　她原想，再回去做事或许可以帮她解脱她的颓丧。可是要一个人驾车，一个人吃饭，几乎令她无法忍受。有些区域简直就做不出什么成绩来，虽然分期付款买车的数目不大，却很难付清。

　　第二年的春天，她在密苏里州的维沙里市，见那儿的学校都很穷，路很坏，很难找到客户。她一个人又孤独又沮丧，有一次甚至想要自杀。她觉得成功是不可能的，活着也没有什么希望。每天，早上她都很怕起床面对生活。她什么都怕，怕付不出分期付款的车钱，怕付不出房租，怕没有足够的东西吃，怕她的健康情形变坏而没有钱看医生。让她没有自杀的唯一理由是，她担心她的姐姐会因此而觉得很难过，而且她姐姐也没有足够的钱来支付自己的丧葬费用。

　　然而有一天，她读到一篇文章，使她从消沉中振作起来，使她有勇气继续活下去。她永远感激那篇文章里那一句令人振奋的话："对一个聪明人来说，太阳每天都是新的。"她用打字机把这句话打

下来，贴在她的车子前面的挡风玻璃上，这样，在她开车的时候，每一分钟都能看见这句话。她发现每次只活一天并不困难，她学会忘记过去，每天早上都对自己说："今天又是一个新的生命。"她成功地克服了对孤寂的恐惧和她对需要的恐惧。她现在很快活，也还算成功，并对生命抱着热忱和爱。她现在知道，不论在生活上碰到什么事情，都不要害怕；她现在知道，不必怕未来；她现在知道，每次只要活一天而已。"对一个聪明人来说，太阳每天都是新的"。

　　在日常生活中可能会碰到极令人兴奋的事情，也同样会碰到令人消极的、悲观的事情，这本来应属正常。如果我们的思维总是围着那些不如意的事情转动的话，也就相当于往下看，那么终究会摔下去的。因此，我们应尽量做到脑海想的、眼睛看的，以及口中说的都应该是光明的、乐观的、积极的，相信每天的太阳都是新的，明天又是新的一天，发扬往上看的精神才能在我们的事业中获得成功。

7.
曾经我不幸福，不过是因为我没有放下

累与不累，取决于自己的心态。心灵的房间，不打扫就会落满灰尘。扫地除尘，能够使黯然的心变得亮堂；把一些无谓的痛苦扔掉，快乐就有了更多更大的空间。

事事都放心上，人生不堪重负

小和尚随师父下山化斋，临出庙门时，空中阴云漫卷，不时传来阵阵雷声。小和尚有些犹豫，对师父说道："不如我们等雨停以后再下山吧。"

师父拿起一把雨伞，率先跨出庙门，边走边道："出家人岂惧风雨？"

小和尚闻言，只得紧随师父身后，走不多时，风雨便席卷而来，且越下越大。师徒二人合撑一把伞，在风雨中搀扶着艰难前行。

走着走着，小和尚突然立住不动，双眼直勾勾地看着前方，师父顺势望去，只见不远处站着一位年轻女子。如此恶劣的天气，竟有一位美貌少女出现在荒野之中，也难怪小和尚露出惊诧之色。

此时，少女正望着面前的泥潭，双眉紧锁，面露难色。原来，她今日穿了一件崭新的丝绸裙装，跨过泥潭，则衣裙必然被污泥所染；不跨，却又无他路可走。见到此景，老和尚跨前几步，说道："姑娘，我来帮你。"说着便将少女背了过去。

看到师父的举动，小和尚惊呆了，这件事一直纠结在他的心中，令其闷闷不乐。直至回到寺院一个月以后，小和尚终于忍耐不住，开口问师父："我们出家之人戒淫邪，您怎么可以背那位女子呢？"

"哪位女子？"师父稍稍一愣，"你说的是化缘路上遇到的那个吗？我早已经把她放下了，可你却一直背着她，太累了、太

7. 曾经我不幸福，不过是因为我没有放下

累了……"

每个人心中都有一个放不下的"女人"，她或者是疑惑，或者是杂念，或者是烦恼，或者是欲望……简直压得人无法喘息。事事都计较，事事都放在心上，人生岂不是很辛苦？那么，为何不将心中的"女人"放下来呢？

失恋了，总不能一直沉溺在忧郁与消沉的情境里，必须尽快放下；股票失利，损失了不少钱，当然心情苦闷，提不起精神，此时，也只有尝试去放下；期待已久的职位升迁，当人事令发布后竟然不是自己，情绪之低落可想而知，解决之道无它——只有强迫自己放下。

负重前行，早晚寸步难行

有位年轻人天生聪慧，天赋过人，他希望在各方面都能够胜过身边之人，尤其想成为一名学问大师。然而，一晃十年过去，年轻人已经变成了中年人，他虽在各方面都取得了不俗的成绩，却唯独学业没有长进。他很苦恼，于是便去请教一位智者。

智者对他说："我们一起登山吧，到达山顶你就知道该怎样做了。"

二人一路向山顶攀去，沿途有很多晶莹的小石头，每每他多看几眼，智者就会让他装进袋子，背着上路。不多时，他已经难堪重负："智者，如果一直背着，不要说登上山顶，我恐怕寸步难行了。"

"那该怎么办呢？"智者微微一笑。

"应该把石头放下。"

"那你为何还不放下呢？一直背着石头怎么能够登上山顶呢？"

听了智者的话，他心中豁然一亮，向智者深鞠一躬，便下山了。

此后，他"充耳不闻窗外事，一心只读圣贤书"，终于得偿所愿，成了一名远近皆知的大学问家。

所谓石头，就是我们心中的琐事、负担，等等。人作为一种情感动物，不可能做到心无旁骛，但是我们必须要认识到什么该舍什么该留，不能一路走来，但凡遇到什么就将它拾起来装在心里，这样做真的很累。

人的精力是有限的，谁都不可能做到面面俱到，更未见某个三心二意、三意、四意的人能够攀上成功的巅峰。一个人若想在人生中有所建树，首先就要明确自己的目标，继而专心致志地向着自己的目标迈进，这一过程，你必须要放下那些冗余、无谓的杂事。

如果心能放宽，痛会随之淡化

一次又一次的挫折，令他忍不住向父亲抱怨起来。父亲听完儿子的诉苦，令其取来一碗白开水、一把食盐，并要他将二者搅匀，然后对儿子说道："现在，你来尝一尝这碗水的味道如何。"

他虽不知其意，但还是照做了，喝下一小口盐水，随即便吐了出来："很苦、很涩，根本无法下咽。"

父亲又命其取来一小盆水和一把食盐，依旧搅匀："现在，你再尝一下。"

这次，他没有将水吐出来，而是皱眉咽了下去："虽然还是很咸，但能够忍受。"

父亲笑了笑，带着他来到泉边，将一把盐撒入泉水中："你再尝一尝。"

他依言，又尝了尝泉水的味道："一点咸味也没有，还是那样甘甜。"

父亲笑着拍了拍他的肩膀："人生的挫折与苦痛就如同这些盐，它们有一定的数量，既不会多也不会少，而我们承受痛苦的容积的大小则决定着痛苦的程度。所以当你感到痛苦的时候，就把你承受的容积放大些，把心变宽，让心像这眼泉，而不是一碗水。"

一句话令他豁然开朗，心中的阴云就此一扫而光……

人生的苦痛有时候会把一个人击倒，有时候却让一个人依然如故，谈笑风生。区别就在于你能否有宽阔的胸怀去容纳痛苦。如果你能用自己宽阔的心灵之湖去溶解那小小的苦涩，那么苦就不再是苦了。

既然已经错过，就要学会舍得

有位旅行者听说有一个地方景色绝佳，于是他决定不惜一切代价也要找到那个地方，一饱秀色。可是经历了数年的跋山涉水、千辛万苦后，他已相当疲惫，但目的地依然遥遥无期。这时，有位老者给他指了一条岔路，告诉他美丽的地方很多很多，没必要沿着一条路走到底。他按老者的话去做了，不久他就看到了许多异常美丽的景色，他赞不绝口，流连忘返，庆幸自己没有一味地去找寻梦中那个美丽的地方。

生活就是如此，跋涉于生命之旅，我们的视野有限，如果不肯错过眼前的一些景色，那么可能错过的就是前方更迷人的景色，只有那些善于舍弃的人，才会欣赏到真正的美景。其实，有些错过会诞生美丽，只要你的眼睛和心灵始终在寻找，幸福和快乐很快就会来到。只是有的时候，错过需要勇气，也需要智慧。

有些美丽是不该错过的，而有些美丽则需要你去错过。

喜欢一样东西不一定非要得到它。有时候，有些人为了得到他喜欢的东西，殚精竭虑，费尽心机，更有甚者可能会不择手段，以致走向极端。也许他在拼命追逐之后得到了自己喜欢的东西，但是在追逐的过程中，他失去的东西也无法计算，他付出的代价应该是很沉重的，是其得到的东西所无法弥补的。

这世上原本就没有什么是放不下的

某人情感受挫，遭遇朋友的背叛，事业上又遭遇桎梏，他为此忧伤满腹，惶惶不可终日，常借酒精来麻醉自己。

家族中一长者闻之这种情况，主动前来劝慰，但奈何说尽良言，

7. 曾经我不幸福，不过是因为我没有放下

他始终不为所动，依旧满脸哀愁。最后他说："您不用再说了，我都明白，但我就是放不下一些人和事。"

长者道："其实，只要你肯，这世间的一切都是可以放下的。"

"有些人和事我就是放不下！"他似乎有点不耐烦。

长者取来一只茶杯，并递到他的手中，然后向杯内缓缓注入热水。水慢慢升高，最后沿着杯口外溢出来。

他持杯的手马上被热水烫到，毫不迟疑地松开了手，杯子应声落地。

长者似在自语："这世间本没有什么放不下的，真的痛了，你自然就会放下。"

他闻言，似有所悟……

是的，这世间本没有什么是放不下的，真的痛了，你自然就会放下！

在一些人看来，有些事似乎是永远放不下的，但事实上，没有人是不可替代的，没有任何事物是必须紧握不放的，其实我们所需要的仅仅是时间而已。

不要刻意去遗忘，更不要长期沉浸于痛苦之中。

人生短暂，根本不够我们去挥霍，在人生的旅程中，每一段消逝的感情，每一份痛苦的经历，都不过是过客而已，都应该坦然以对。我们所要做的是珍惜现在，做自己喜欢做、自己该做的事情，过好人生中的每一天。

感受不到幸福，是因为我们追求了错误的东西

几位同窗去拜访大学老师，觥筹交错之际，趁着酒性众人纷纷诉说起自己的不如意，诸如工作压力太大，竞争中受挫，商场失利、生活琐事太多，等等。老师听后微笑不语，只是吩咐师娘不断地为大家夹菜、添菜。

餐后，老师自厨房取出一大堆杯子摆在茶几上，杯子的形态各异，有好有坏，其中有陶瓷的，有玻璃的，有塑料的，有的杯子看起来高贵典雅，有的杯子看起来粗陋低廉……接着老师对大家说道："你们都是我的学生，我也就不客套了，谁要是口渴了，就自己倒点水喝吧。"

众人说了半天，早已经口干舌燥，听老师这样一说，也不再客套，于是纷纷拿起自己看中的杯子倒起水来，等到最后一位同学也将杯子注满以后，老师发话了："不知道你们是否注意到了，大家挑的都是最好看、最精致的杯子，而那些不起眼的杯子，却摆在那里无人问津。"

众人并不觉得奇怪——谁不希望自己手中是一只好看的杯子？只听老师继续说道："这就是你们烦恼的根源所在。大家喝的是水，而不是杯子，但我们却会下意识地选择漂亮水杯。我们喝的是水，而不是杯子，为何偏偏要去在意杯子的好坏？这或许就是我们烦恼的根源所在。这就像我们的生活，若将生活比作水，钱财、工作、

7. 曾经我不幸福，不过是因为我没有放下

名利就是盛水的杯子，它的好坏并不会影响水的质量。如果你一直将目光盯在杯子上，就无法体会到水的甘甜。"

在被虚荣挟持的时候，我们失去了什么

男人和女人是大学同学，在学校时是大家公认的金童玉女，毕业后，顺理成章地结成了百年之好。那时，当同学们都在为工作发愁时，男人就已经直接被推荐到一家公司做设计工程师，女人也因此自豪着。

结婚5年后，他们有了宝宝，生活步入稳定的轨道，简单平静，不失幸福。然而，一次同学聚会彻底搅乱了女人的心。

那次聚会，男人们都在炫耀着自己的事业，女人们都在攀比着自己的丈夫，站在同学们中间，女人猛然发现，原本那么出众的他们如今却显得如此普通，那些曾经学习和姿色都不如自己的女同学都一身名牌，提着昂贵的手提包，仪态万千，风姿绰约。而那些曾经被老公远远甩在后面，不学无术的男同学，现在居然都是一副春风得意的样子。

回家的路上，女人一直没有说话，男人开玩笑说："那个小子，当初还真小看他了，一个打架挂科的小混混，现在居然能混成这样，不过你看他，真的有点小人得志的样子。"

"人家是小人得志，但是人家得志了，你是什么？原地踏步？有什么资格笑话别人？"

男人察觉出了女人的冷嘲热讽,但并未生气:"怎么了?后悔了?要是当初跟着他现在也成富婆了是吗?"

一句话激怒了本就不开心的女人:"是,我是后悔了,跟着你这个不长进的男人,我才这么处处不如人。"

男人只当作女人是虚荣心作怪,被今天聚会上那些女同学刺激了,为避免吵起来,便不再作声。

一夜无话,第二天就各自上班了,男人觉得女人也平复了,不再放在心上,可是此后他却发现,女人真的变了,总是时不时地对他讽刺挖苦:

"能在一个公司待那么久,你也太安于现状了吧?"

"干了那么久了,也没什么长进,还不如辞职,出去折腾折腾呢?"

"哎,也不知道现在过的什么日子,想买件像样的衣服,都得寻思半天的价格,谁让咱有个不争气的老公呢!"

在女人的不断督促下,男人终于下决心"折腾折腾"。他买了一辆北京现代,白天上班,晚上拉黑活,以满足女人不断膨胀的物质需求。女人的脸上也渐渐有了些笑模样。

那天,本来二人约好晚上要去看望女人的父亲,可左等右等男人就是不回来。女人正在气头上,收到了男人发来的信息:"对不起,老婆,始终不能让你满意。"女人看着,想着肯定是男人道歉的短信,她躺着,回想着这些年在一起的生活,想到男人对自己的关心和宽容,想着他们现在的生活,虽然平凡一点,但是也不失幸福,想着自己也许真的被虚荣冲昏了头了,想着想着便睡着了。第二天早上,睁开眼的女人发现,丈夫竟然彻夜未归,她大怒,正准备打电话过去质问,电话铃声却突然响了。

电话那头说他们是交通事故科的,女人听着听着,感觉眼前的世界越来越缥缈,她的身体不停地抖着,蜷缩成一团。

原来，那天晚上，男人拉了一个急着出城的客人，男人一般不会出城，但因为对方给的价格太诱人，就答应了，回来的路上，他被一辆货车追尾，最后一刻男人给女人发了一条信息"对不起，老婆，始终不能让你满意"。

这就是虚荣心，是一种被扭曲了的自尊心。虚荣心理的危害是显而易见的。其一是妨碍道德品质的优化，不自觉地会有自私、虚伪、欺骗等不良行为表现；其二是盲目自满、故步自封，缺乏自知之明，阻碍进步成长；其三是导致情感的畸变。由于虚荣给人以沉重的心理负担，需求多且高，自身条件和现实生活都不可能使虚荣心得到满足，因此，怨天尤人、愤懑压抑等负面情感逐渐滋生、积累，最终导致情感的畸变和人格的变态。严重的虚荣心不仅会影响学习、进步和人际关系，而且对人的心理、生理的正常发育，都会造成极大的危害。

所以，我们必须制止虚荣心的泛滥，还给心灵一片宁静。

欲求不满，人生不能承受之重

在东方的一个国度里，有一对贫穷而善良的兄弟，他们靠每天上山砍柴过着艰辛的日子。一天，兄弟二人在山上砍柴时，正好遇见一只老虎在追咬一个老人。兄弟俩奋不顾身地与老虎搏斗，终于从老虎口中救下那位须发皆白的老人。而这位老人是一位神仙，他念及兄弟俩的善良和勇敢，于是许愿帮助他二人得到快乐，并让他们每人点一样物品，作为送给他们的礼物。

哥哥因为穷怕了，想要有永远用不完的金银珠宝，于是，神仙送给他一个点石成金的手指，任何东西，只要他用这手指轻轻一触，就会立即变成金子。哥哥如愿以偿地成了富人，买了房子置了地，娶妻生子，过着十分富有的生活。

遗憾的是，金手指也成了他的一种负担。因为，只要他稍不小心，他眼前的人和物就会在瞬间变成冷冰冰的、没有生命的金子。他甚至把他最宠爱的小女儿也变成了金子。朋友们都对他敬而远之，家人们也小心翼翼地防着他。守着取之不尽、用之不完的钱财，哥哥说不出自己是快乐还是不快乐。

而弟弟是一个单纯的人，他希望自己一辈子快快乐乐。于是，老神仙给了他一个哨子，并告诉他：无论什么时候，无论遇到什么事情，只要轻轻地吹一吹哨子，他就会变得快乐起来。

弟弟还是像以前一样，过着艰苦的生活，仍然需要与各种艰难困苦进行抗争，仍然需要靠辛勤地劳动获取温饱。但是，每当他遇到一些不称心如意的事情的时候，他就取出那只哨子，那动听的声音，就像一缕缕和煦的阳光，像一阵阵温暖的春风，驱走了他的忧伤和愁苦，给他带来快乐。

人们之所以活得累，就是因为眼睛总盯着名利不放，这样活着会很辛苦。很多时候执着也是一种负担，何不学着放下呢？放下了贪念，你就可以拥有真正的快乐。

7. 曾经我不幸福，不过是因为我没有放下

得不到的东西，未必就不可缺少

有一位小学老师，一直以来过着安分守己的日子。有一天，一位从来也没有听说过的远房亲戚在国外死去了，临终指定他成为遗产继承人。

那遗产就是一个价值万金的高档服饰商店。这位老师欣喜若狂，开始忙碌着为出国做各种准备。等到一切准备就绪，即将动身，他又得到通知，一场大火烧毁了那个商店，服饰也全部变为了灰烬。

这位老师空欢喜一场，重新返回到学校上班。他似乎也变成了另外一个人，整日愁眉不展，逢人便诉说自己的不幸："那可是一笔很大的财产啊，我一辈子的工资还不及它的零头呢。"

"你不是和从前一样，什么也没有丢失吗？"他的一个同事问道。

"这么一大笔财产，怎么能够说什么也没有失去呢？"小学老师心疼地叫起来。

"在一个你从来都没有到过的地方，有一个你从来都没有见过的商店遭了火灾，这与你有什么关系呢？"那个同事劝他看开些。

可是不久以后，这位小学老师还是得了忧郁症死去了。在他没有得到的时候，他总是认为拥有了那个高档服装店之后的生活会是多么的完美无缺，于是在这种想象当中就被折磨而死了。如果他换一种心态，不对那个高档服饰店过于期盼的话，也许就不至于落得

如此悲惨的下场。

如果一味地贪恋从来没有拥有过的东西，那么就会让自己被那些无谓的占有欲弄得闷闷不乐。未曾拥有的东西终究是虚无缥缈的，没有它，一样可以安安心心地活下去，甚至会活得更轻松、更美好。

事实上，得不到的东西未必就不可或缺。我们之所以认为它美好，只是因为在我们的思想里面常常有某种欲望，当这种欲望不能够得到满足的时候，就加倍地渴望，甚至是把它视为完美的想象，刺激我们去征服。然而，这实际上是一种煎熬。在镜花水月的迷惑下，很多人丢失了生命的真实，把生活变成了一种折磨。

外在的纠葛太多，心就没有办法安宁

有一位青年，因为受了一些挫折变得非常忧郁、消沉。有一次他去海边散步，碰巧遇到以前的一位朋友，这位先生正好是一位心理医生。

于是青年就向这位医生朋友诉说他在生活、社会及爱情中所遭受的种种烦恼，希望朋友能帮他解脱痛苦，斩断生命的烦恼。

安静沉默的医生朋友，似乎没听这位青年的诉说，因为他的眼睛总是眺望着远方的大海，等到青年停止了诉说，他自言自语地说："这帆船遇到满帆的风，行走得好快呀！"

青年就转过头看海，看到一艘帆船正乘风破浪前进，但随即又转回去了。他以为医生朋友并没有听懂他的意思，于是就加重语气

7. 曾经我不幸福，不过是因为我没有放下

诉说自己的种种痛苦，生活中的烦恼、爱情的坎坷、社会的弊病、人类的前途等问题已经纠结得快要让他发狂了。

医生朋友好像在听，又好像不在听，依然眺望着海中的帆船，自言自语地说："你还是想想办法，停止那艘行走的帆船吧！"

说完，就转身离去了。

青年感到非常茫然，他的问题没有得到任何解答，只好回家了。过了几天，他主动去找那位医生朋友了。一进门他就躺在地上，两脚竖起，用左脚脚趾扯开右脚的裤管，形状正像一艘满风的帆船。

医生朋友有点惊讶，接着就会心地笑了，随手打开阳台上的窗户，望着远处的山对青年说："你能让那座山行走吗？"

青年没有答话，站起来在室内走了三四步，然后坐下来，向医生朋友道谢，说完就离开了；走时神采奕奕，好像对生活充满了希望，不见了当初的消沉、颓废。

医生朋友事实上并未回答青年的问题，青年自己找到了答案。医生朋友的话让青年明白了，解决生活乃至生命的苦恼，并不在苦恼的本身，而是要有一个开阔的心灵世界；人们只有止息心的纷扰，才不会被外在的苦恼所困厄，因此要解脱烦恼，就在于自我意念的清净，正如在满风时使帆船停止。

外在的纠葛、攫取太多，心就没有办法安宁，更无法净化；人对外在无限制地索取，常常是以支付心灵的尊严为代价的。我们应该抬起头来，看看屋外的松林，听听松涛的呼唤，眺望远处的大海以及满风的帆船，我们的心中会有对生命新的转移与看待。

其实你所纠结的事情，或许根本没人在意

一位留学生与同学在洛杉矶朋友路易斯家吃饭，分菜时，路易斯有些细节问题没有注意，客人也没注意，而且即使发现也不会在意。可是主人的妻子竟毫不留情地当众指责他："路易斯，你是怎么搞的！难道这么简单的分菜，你就永远都学不会吗？"接着她对众人说："没办法，他就是这样，做什么都糊里糊涂的。"

诚然，路易斯确实没有做好，但这……该留学生真佩服这位美国友人，竟然能与妻子相处十余年而没有离婚。在他看来，宁可舒舒服服地在北京街头吃肉夹馍，也不愿意一面听着妻子唠叨，一面吃鱼翅、龙虾。

不久以后，该留学生和妻子请几位朋友来家中吃饭。就在客人即将登门之时，妻子突然发现有 2 条餐巾的颜色无法与桌布相匹配，留学生急忙来到厨房，却发现那两条餐巾已经送去消毒了。这怎么办？客人马上就要到了，再去买俨然已经来不及了，夫妻二人急得团团转。但该人转念一想："我为什么要让这个错误毁了一个美好的晚上呢？"于是，他决定将此事放下，好好享受这顿晚餐。

事实上他做到了，而且，根本就没有一个人注意到餐巾的不匹配问题。

我们根本没有必要把那些芝麻绿豆大的小事放在心上，做人不

妨马虎一点，将那些无关紧要的烦恼抛到九霄云外，如此你会发现，生命中突然多了很多阳光。

我们过分紧张某一事物，往往就会事与愿违

　　山中有一座小庙，庙内住着师徒二人。这月月初，师父交给徒弟一只大碗，吩咐他下山去打些油，并叮嘱道："小心一点，别将油弄洒，我们这一个月的菜就靠它了。"

　　徒弟应声而去。回来时，他脑中一直想着师父的叮咛，双手紧捧，眼睛盯着油碗，小心翼翼地走着。可不知为何，他越是小心，手中的碗就晃得越厉害，等回到庙中，油已经洒了近三分之一。师父见状，生气地指责徒弟："你怎么连这点小事都做不好？油洒了这么多。"

　　受到师父的责备，徒弟感到很委屈，却又不敢反驳。

　　第二个月，师父又吩咐徒弟去买油。情况依旧与上次一样，徒弟生怕再出现什么问题，眼睛一刻也没有离开油碗。可就是这样，油还是洒出很多，急得徒弟眼泪直在眼圈中打转。到了庙门，因为只顾看着油碗，徒弟冷不防被门槛绊了一下，结果碗碎了，油没了。当然，徒弟免不了又要受到一番责备。

　　不过生气归生气，油总是要吃的。于是，师父只得吩咐徒弟再下山一趟，但这次他改变了说话的态度："你记着，回来时多观察路上的人与物，然后把看到的一切告诉我。"

徒弟皱皱眉，但还是领命下山去了。回来时，他遵照师父的吩咐，一路边走边看，不知不觉已入了庙门。这时他才发现，手中的油碗还是满满的，一滴也没有洒。

我们过分紧张某一事物，紧盯着不放，往往就会因为过度紧张而导致事与愿违的结局。其实，只要我们坦然一点，移开自己紧盯着"油碗"的眼睛，顺其自然去做，大多会出现不错的结果。

放下心中的执念，才能做出正确的抉择

两个贫苦的樵夫在山中发现两大包棉花，二人喜出望外，棉花的价格高过柴薪数倍，将这两包棉花卖掉，可保家人一个月衣食无忧。当下，二人各背一包棉花，匆匆向家中赶去。

走着走着，其中一名樵夫眼尖，看到林中有一大捆布。走近细看，竟是上等的细麻布，有十余匹之多。他欣喜之余和同伴商量，一同放下棉花，改背麻布回家。

可同伴却不这样想，他认为自己背着棉花已经走了一大段路，如今丢下棉花，岂不白费了很多力气？所以坚持不换麻布。前者在屡劝无果的情况下，只得自己尽力背起麻布，继续前行。

又走了一段路，背麻布的樵夫望见林中闪闪发光，待走近一看，地上竟然散落着数坛黄金，他赶忙邀同伴放下棉花，改用挑柴的扁担来挑黄金。

同伴仍不愿丢下棉花，并且怀疑那些黄金是假的，遂劝发现黄

7. 曾经我不幸福，不过是因为我没有放下

金的樵夫不要白费力气，免得空欢喜一场。

发现黄金的樵夫只好自己挑了两坛黄金和背棉花的伙伴赶路回家。走到山下时，无缘无故下了一场大雨，两人在空旷处被淋了个湿透。更不幸的是，背棉花的樵夫肩上的大包棉花吸饱了雨水，重得无法再背动，那樵夫不得已，只能丢下一路辛苦舍不得放弃的棉花，空着手和挑黄金的同伴向家中走去……

当机遇来临时，不一样的人会做出不同的选择。一些人会单纯地选择接受；一些人则会心存怀疑，驻足观望；一些人固守着以往的经验，不肯做出丝毫新的改变……毫无疑问，这些不同的选择，自然会造就出不同的结果。其实，许多成功的契机，都是带有一定隐蔽性的，你能否做出正确的抉择，往往决定了你的成功与失败。

有时候，倘若我们能够放下一些固执，甚至是放下一些利益，反而会使我们获得更多。所以，面对人生的每一次选择，我们都要充分运用自己的智慧，做出准确、合理的判断，为自己选择一条广阔道路。同时，我们还要随时随地观心自省，检查自己的选择是否存在偏差，并及时加以调整，切不要像不肯放下棉花的樵夫一样，时刻固守着自己的执念，全不在乎自己的做法是否与成功法则相抵触。最后提醒大家，请放下无谓的执念，这样才能冷静地做出正确的抉择。

别为打翻的牛奶哭泣，因为我们的生活还得继续

艾伦经常会为很多事情发愁，他常常为自己犯过的错误自怨自艾：交完考试卷以后，常常会半夜里睡不着，咬着自己的指甲，怕自己没办法考及格；他老是在想着做过的那些事情，希望当初没有这样做；老是在想自己说过的那些话，希望自己当时把那些话说得更好。

有一天早上，艾伦和全班的同学都到了科学实验室。老师保罗·布兰德威尔博士把一瓶牛奶放在桌子边上。学生们都坐了下来，望着那瓶牛奶，不知道那跟这节生理卫生课有什么关系。然后，保罗·布兰德威尔博士突然站了起来，一掌把那瓶牛奶打碎在水槽里———面大声叫道："不要为打翻的牛奶而哭泣。"

突然老师叫所有的人都到水槽边去，好好地看看那瓶打碎的牛奶。"好好地看一看，"老师说，"因为我要你们这一辈子都记住这一课，这瓶牛奶已经没有了——你们可以看到它都漏光了，无论你怎么着急，怎么抱怨，都没有办法再救回一滴。只要先用一点思想，先加以预防，那瓶牛奶就可以保住。可是现在已经太迟了——我们现在所能做到的，只是把它忘掉。丢开这件事情，只注意下一件事。"

这次小小的表演，在艾伦忘了他所学到的几何和拉丁文以后很久都还让他记得。事实上，这件事在实际生活中所教给他的，比他

7. 曾经我不幸福，不过是因为我没有放下

在高中读了那么多年书所学到的任何东西都好。它说明了一个道理，只要可能的话，就不要打翻牛奶，万一牛奶打翻、整个漏光的时候，就要彻底把这件事情给忘掉。

不要为打翻的牛奶而哭泣，不要为过往的错误过度懊悔，因为牛奶既然打翻就不可能拾起来再喝，可我们的生活还得继续。

失去的就已经永远地离开了，即便你悲伤也好，忧郁也好，它也不会再回来了，与其花时间和精力沉浸在往日的失去中，莫不如走出忧郁，高高兴兴地去面对未来，迎接每一个崭新的日子，因为有未来就有希望，错过了昨天，你还会收获今天和明天。

不要一味追求享受，而忘记了真正的享受

有一位成功的商人，虽然已经身价千万，但似乎从来不曾轻松过。

他下班回到家里，刚刚踏入餐厅中。餐厅中的家具都是胡桃木做的，十分华丽，有一张大餐桌和6张椅子，但他根本没去注意它们。他在餐桌前坐下来，但心情十分烦躁不安，于是他又站了起来，在房间里走来走去。他心不在焉地敲敲桌面，差点被椅子绊倒。

他的妻子这时候走了进来，在餐桌前坐下。他说声你好，接着用手敲桌面，直到一个仆人把晚餐端上来为止。他很快地把东西一一吞下，他的两只手就像两把铲子，不断把眼前的晚餐一一铲进口中。

吃过晚餐，他立刻起身走进起居室去。起居室装饰得富丽堂皇，意大利真皮大沙发，地板铺着土耳其的手织地毯，墙上挂着名画。他把自己投进一张椅子中，几乎在同一时刻拿起一份报纸。他匆忙地翻了几页，急急瞄了瞄大字标题，然后，把报纸丢到地上，拿起一根雪茄。他一口咬掉雪茄的头部，点燃后吸了两口，便把它放到烟灰缸去。

他不知道自己该怎么办。他突然跳了起来，走到电视机前，打开电视机。等到画面出现时，又很不耐烦地把它关掉。他大步走到客厅的衣架前，抓起他的帽子和外衣，走到屋外散步。他持续这样的动作已有好几百次了。他在事业上虽然十分成功，但却一直未学会如何放松自己。他是位紧张的生意人，并且常常放不下公司里的那些琐碎事情。他没有经济上的问题，他的家是室内装饰师的梦想，他拥有4辆汽车，但他却无法放松自己。为了争取成功与地位，他已经付出了自己全部的时间去获得物质上的成就，然而，在他拼命工作、拼命赚钱的过程中，却迷失了自己。

过分地投入生活，就会受到来自诸多方面烦恼的干扰，常常令我们身心疲惫、痛苦不堪，然而心病还需心药医，只有我们从内心摆脱这些烦恼的束缚、将它们全部抛开，才能让心灵得到真正的轻松。

不要一味地去追求享受。在我们用双手创造财富的同时，不妨多一点休闲的念头，不要忘了自己的业余爱好，不妨每天花点时间与家人一起去看场电影，去散散步，去郊游一次……如果这样，生活将会变得丰富多彩，富有情趣；心灵会变得轻松惬意，自由舒畅；生命会变得活力无限。

7. 曾经我不幸福，不过是因为我没有放下

那些难以割舍，时间长了就变成痛苦的执着

利奥·罗斯顿是美国最胖的好莱坞影星，腰围 6.2 英尺，体重 385 磅。1936 年在英国演出时，因心肌衰竭被送进汤普森急救中心。抢救人员用了最好的药，动用了最先进的设备，仍没挽回他的生命。

临终前，罗斯顿曾绝望地喃喃自语："你的身躯很庞大，但你的生命需要的仅仅是一颗心脏！"罗斯顿的这句话，深深触动了在场的哈登院长，作为胸外科专家，他流下了泪。为了表达对罗斯顿的敬意，同时也为了提醒体重超常的人，他让人把罗斯顿的遗言刻在了医院的大楼上。

1983 年，一位叫默尔的美国人也因心肌衰竭住了进来。他是位石油大亨，两伊战争使他在美洲的 10 家公司陷入危机。为了摆脱困境，他不停地往来于欧亚美之间，最后旧病复发，不得不住进来。他在汤普森医院包了一层楼，增设了 5 部电话和两部传真机。当时的《泰晤士报》是这样渲染的：汤普森——美洲的石油中心。

默尔的心脏手术很成功，他在这儿住了一个月就出院了。不过他没回美国。苏格兰乡下有一栋别墅，是他 10 年前买下的，他在那儿住了下来。1998 年，汤普森医院百年庆典，邀请他参加。记者问他为什么卖掉自己的公司，他指了指医院大楼上的那一行金字。不知记者是否理解了他的意思。总之，在当时的媒体上没找到与此有关的报道。

后来人们在阅读默尔的传记时发现了这么一句话：富裕和肥胖没什么两样，不过是获得超过自己需要的东西罢了。

　　的确，人一旦被欲望缠上了身，就难以得到安宁，时刻仿佛有大患在身，无论得宠还是受辱，在心理上都时时会处于惊恐之中。

　　人，应该了解自己的真实需求，把其他的一切慢慢放下，这样的人活着才是为了自己。可是，谁都有些东西难以割舍，时间长了就变成痛苦的执着。

当坚持已经不能换来成功，放弃才是明智的选择

　　一对师徒走在路上，一个徒弟发现前方有一块大石头，他就皱着眉头停在石头前面。

　　师父问他："为什么不走了？"

　　徒弟苦着脸说："这块石头挡着我的路，我走不下去了，怎么办？"

　　师父说："路这么宽，你怎么不会绕过去呢？"

　　徒弟回答道："不，我不想绕，我就想要从这个石头前穿过去！"

　　师父："可能做到吗？"

　　徒弟说："我知道很难，但是我就要穿过去，我就要打倒这个大石头，我要战胜它！"

　　经过艰难地尝试，徒弟一次又一次地失败了。

7. 曾经我不幸福，不过是因为我没有放下

最后徒弟很痛苦："连这个石头我都不能战胜，我怎么能完成我伟大的理想！"

师父说："你太执着了，你要知道有时坚持不如放弃。"

一个人，只要心智正常，必然会拥有自己的追求，我们说对于人生追求的坚持是一种韧性，是成功不可或缺的条件之一，但倘若过分偏执，就很容易走进死角。大量的事实告诉我们：有些时候坚持所换来的未必是成功，而放弃未必不是一种明智的选择。

所谓放弃，并不意味着彻底失败，而是要我们另起一行，去寻找新的成功契机。放弃，或许意味着你之前的努力将要付诸东流，或许会令你失去很多。但这没什么！你应该意识到，在前路受阻的情况下，若不放弃，你就只能驻足当下，一直无法前进，放弃，其实正是为了拥有和获得更多。

理想与现实，可以达成完美的契合

1965 年，45 岁的作家马里奥·普佐完成了他的第二部小说。

作为一个追求纯粹文学艺术的作家，他看起来还算顺利，作品受到了一些好评。如果照此写下去，他可能会渐渐地成为一个比较有影响力的纯文学作家。但此时，普佐已经债务缠身，连最基本的生活都有困难。于是，他掉转航向，放弃了创作的初衷，改写通俗类小说。三年后，《教父》一书出世，创造了当时的销售纪录。

原本追求纯粹艺术的人，面对现实却创作出真正的经典作品。

这样的结果，肯定大大出乎他们的意料。

　　是不是只有面对现实，才能获得真正的成功呢？这倒不一定。任何艺术尤其是高雅艺术总是要与现实保持相当的距离，普佐获得意外的成功，并不仅仅是因为"媚"了"俗"，更重要的是，他们先前在追求艺术过程中所积累的"雅"的底蕴。

　　真正的理想与现实之间有一座桥梁，一座不太长、也不太短的桥。它长得需要你努力向前，走稳脚下的每一步，才能到达彼岸，也短得让你一眼就能看见桥所连那边的迷人风景。理想自人的心底萌发，它经过深远的思考，经得起时间的流逝，道路的坎坷，是风雪不断的人生路上长明的指路灯。但理想与现实之桥，不是时时刻刻都存在的，有时它需要你亲手去建造。

在有所选择之后，就不要再去后悔

　　两个不如意的年轻人一起去拜望师父："师父，我们在办公室里被欺负，太痛苦了，求你开示，我们是不是该辞掉工作？"

　　师父闭着眼睛，半天才吐出5个字："不过一碗饭。"随即挥挥手，示意年轻人回去。

　　回到公司，一个人马上递交辞呈，回家种田，而另一个人却留了下来。

　　转眼10年过去，前者以现代方法经营，加上品种改良，居然成了农业专家，并且拥有了自己的农庄。后者留在公司也不差，他忍

7. 曾经我不幸福，不过是因为我没有放下

气吞声，努力进取，逐渐受到器重，成了经理。

有一天，二人相遇，农业专家说道："师父告诉我们'不过一碗饭'，我一听就懂了，不过一碗饭嘛，日子有什么难过的，何必硬留在公司受气？所以我辞职了。"接着问另一个人，"你当初为何没听师父的话呢？"

"我听了啊，"另一人笑道，"师父说'不过一碗饭'。所以受气时我就想：不过为了混碗饭吃，老板说什么是什么，少赌气、少计较就成了，师父不是这个意思吗？"

两个人又去拜望师父，此时师父已经很老了，仍然闭着眼睛，半天才答出5个字："不过一念间。"

是辞职还是继续忍气吞声？不过是一碗饭的问题，放弃这碗饭，当然你还可以捧起另外一碗；不放弃，那就好好地为这碗饭去付出。选择什么，不过是你一念之间的判断，是对是错本就没有一个明确的定义，但每做出一个选择，就一定要把它做好。

人生，既然做出了选择，就不要再去后悔。你想要的是什么，只有你自己知道。选择，只在一念之间，而它亦将成为你为之奋斗的目标。你的纠结，只会成为阻碍你成功的枷锁，只会令你徒增烦恼。

即便失去所有，也不过是回到了生活的原点

有一位少妇忍受不住人生苦难，遂选择投河自尽。恰巧此时，一位老艄公划船经过，二话不说便将她救上了船。

艄公不解地问道："你年纪轻轻，正是人生当年时，又生得花容月貌，为何偏要如此轻贱自己、要寻短见？"

少妇哭诉道："我结婚至今才两年时间，丈夫就有了外遇，并最终遗弃了我。前不久，一直与我相依为命的孩子又身患重病，最终不治而亡。老天待我如此不公，让我失去了一切，你说，现在我活着还有什么意思？"

艄公又问道："那么，两年以前你又是怎么过的？"

少妇回答："那时候自由自在，无忧无虑，根本没有生活的苦恼。"她回忆起两年前的生活，嘴角不禁露出了一抹微笑。

"那时候你有丈夫和孩子吗？"艄公继续问道。

"当然没有。"

"那么，你不过是被命运之船送回了两年前，现在你又自由自在，无忧无虑了。请上岸吧！"

少妇听了艄公的话，心中顿时敞亮许多，于是告别艄公，回到岸上，看着艄公摇船而去，仿佛如做了个梦一般。从此，她再也没有产生过轻生的念头。

无论是快乐抑或是痛苦，过去的终归要过去，强行将自己困在

回忆之中，只会让你倍感痛苦！无论明天会怎样，未来终会到来，若想明天活得更好，你就必须以积极的心态去迎接它！你要认识到，即便曾经一败涂地，也不过是被生活送回到了原点而已。

其实，每个人的一生都是在不断地得失中度过的，我们的不如意和不顺心，其实都与在得失之间的心理调适做得不够有关系。人生如白驹过隙，如果我们在得失之间执迷不悟，是否太亏欠这似水年华呢？学会舍得，学会洒脱，你的人生才会有属于自己的精彩。

简单一点，人生反而更踏实

年轻的时候，丽思比较贪心，什么都追求最好的，拼了命想抓住每一个机会。有一段时间，她手上同时拥有13个广播节目，每天忙得昏天暗地，她形容自己："简直累得跟狗一样！"

事情都是双方面的，所谓有一利必有一弊，事业愈做愈大，压力也愈来愈大。到了后来，丽思发觉拥有更多、更大不是乐趣，反而是一种沉重的负担。她的内心始终有一种强烈的不安全感笼罩着。

1995年，"灾难"发生了，她独资经营的传播公司被恶性倒账四五千万美元，交往了7年的男友和她分手……一连串的打击直袭而来，就在她极度沮丧的时候，甚至考虑结束自己的生命。

在面临崩溃之际，她向一位朋友求助："如果我把公司关掉，我不知道我还能做什么？"朋友沉吟片刻后回答："你什么都能做，别忘了，当初我们都是从'零'开始的！"

这句话让她恍然大悟，也让她重新有了勇气："是啊！我本来就是一无所有，既然如此，又有什么好怕的呢？"就这样念头一转，没有想到在短短半个月之内，她连续接到两笔大的业务，濒临倒闭的公司起死回生，又重新走上了正常轨道。

历经这些挫折后，丽思体悟到人生"变化无常"的一面：费尽了力气去强求，虽然勉强得到，但最后还是留不住；反而是一旦"归零"了，随之而来的是更大的能量。

她学会了"舍"。为了简化生活，她谢绝应酬，搬离了 150 平方米大的房子。索性以公司为家，挤在一个 10 平方米不到的空间里，淘汰不必要的家当，只留下一张床、一张小茶几，还有两只做伴的狗儿。

其实，一个人需要的东西非常有限，许多附加的东西只是徒增无谓的负担而已。简单一点，人生反而更踏实。

想要遗忘，并不是像想象中那么容易。遗忘是一种过程，它需要一定的时间来沉淀。只不过，如果连"想要遗忘"的意愿都没有，那么，你只能长期为忧郁、痛苦所折磨。

将对人生的不满统统赶走，珍惜你所拥有的一切

一位虔诚的信徒在向上帝祷告时，诉说了自己的愿望：他希望能拥有一位温顺可人、高挑美丽的妻子；希望妻子能为他生下 2 个聪慧的儿子；希望自己能拥有一栋别墅，别墅的后面最好带有一座

7. 曾经我不幸福，不过是因为我没有放下

美丽的花园；希望自己还能拥有一辆法拉利跑车。

上帝给予了他祝福，祝愿他的梦想能够早日成真。

后来，这位虔诚的信徒果然娶到一位温柔美丽的妻子，只是妻子的身材并不高挑；妻子为他生下2个聪慧的孩子，只不过不是儿子，都是女儿；他用半生的积蓄买下了一座大房子，但并不是别墅，只是普通的民宅而已；房子的后面是有一片空地，但并没有种花，而是被妻子种下了食用的蔬菜；他确实拥有一辆汽车，但不是"法拉利"跑车，而是做出租车用的"福特"。

上帝竟然骗了我！信徒祷告时懊恼地向上帝抱怨："我一直如此虔诚地膜拜您，您为什么还要耍弄我？"

"哦，我不过是想给你一些惊喜。何况，你也没有给我我想要的东西。"

"您也有所求？您想要的是什么？"信徒感到不可思议。

"我希望你能因为我给你的东西感到快乐。"上帝一字一句说出了自己的愿望。

信徒顿悟，生活的真谛原来就是为拥有而快乐。

理想和现实之间永远会有差距，这正是上帝用来区分聪明人和愚人的标准。聪明人会永远带着感恩的心去享受现实，而愚人则会将手边的快乐随意丢弃。还需要抱怨吗？将对人生的不满统统赶走，珍惜你所拥有的一切吧！

其实，是你的就是你的，不是你的强求也无用！正所谓知足者常乐，放弃奢求，感恩你所拥有的一切，这样你才能体会到生活的乐趣。

不要一直盯着人生中的"黑点"不放

某人连连受挫,濒临崩溃,他感觉自己的人生一片昏暗,他似乎已经找不到活下去的理由。他找到心理咨询师,向对方诉说着自己的失意与苦恼。

咨询师听完他的抱怨,取来一张中间带有黑点的白纸:"先生,你看到了什么?"

"不就是一个黑点?还有什么?"该人感到莫名其妙。

"天啊,这么大一张白纸你都没有看到?"咨询师故作惊讶,"那好吧,既然你眼中只有黑点,就盯着这个黑点看2分钟。记住!不能将眼睛移向别处,看看你会有什么发现。"

该人依言而行。

"黑点似乎变大了。"

"是的,如果将眼睛集中在黑点上,它就会越来越大,乃至充斥你整个人生,这是非常不幸的。"说着,咨询师又取来一张黑纸,中间部位画有一个白点:"你再看看这张。"

该人似乎有所领悟:"是个白点,如果我一直看下去,它也会越来越大,对吗?"

"非常正确!倘若能够在黑暗中看到光明,并将眼睛集中在光明上,你的世界早晚会明亮起来。"

人生之初,恰是一张白纸,将为这张白纸绘上何种色彩,要看

7. 曾经我不幸福，不过是因为我没有放下

你心中承载的是什么。倘若你的心中只有黑色，那它最终就会变成一张黑纸。

看待事物的角度不同，便会产生不同的结果。人的烦恼源于内心，快乐同样源于内心，快乐或是烦恼，要看我们的内心如何去感受。白纸上的黑点和有白点的黑纸，着眼点不同，看到的结果自然不同。

8.
如果爱，请深爱，若不爱，请离开

世上最凄绝的距离，是两个人原本相距很远，互不相识，忽然有一天，他们相识，相爱，变得很近。然后有一天，不再相爱，本来很近的两个人，又变得很远，甚至比以前更远。

一段感情的逝去，或许正意味着一段幸福的开始

卢沫花龄之际爱上了一个帅气的男孩，然而对方不像卢沫爱他那样爱自己。不过，那时的卢沫对爱情充满了幻想，她认为只要自己爱他就足够了。情窦初开的卢沫不顾闺密劝说，毅然嫁给了那个男孩。然而，婚后的生活与卢沫对于爱情的憧憬完全是两个样子，从结婚那天起，卢沫的幸福就告一段落。她的丈夫爱喝酒，只要喝醉了就对她拳脚相加，即便是在外边生了气，回到家中也要拿她来撒气。2年以后，卢沫产下一女，丈夫对她的态度更不如前，就连婆婆也对她骂不绝口，说她断了自家的香火。

后来，她丈夫又勾搭上了别的女人，终日里吵着要离婚，最终卢沫忍受不了屈辱，签下离婚协议书，带着不足3岁的女儿远走他乡。

时已年近三十的卢沫虽然被无情的岁月、困厄的命运褪去了昔日的光鲜，却增添了几分成熟女人的韵味，依旧展现着女人最娇艳的美丽。于是，便有媒人上门提亲，据说对方是个过日子的男人，就因为当年成分不好耽搁了终身大事，改革开放后靠手艺吃饭。卢沫因为想给女儿一个完整的家，所以当时并没有考虑对方是不是自己爱的人，就嫁给了那个叫孙立佳的男人。

过门以后卢沫才发现，那个男人长得又黑又丑，满口黄牙，而且他的所谓手艺也只是顶风冒雨地修鞋而已。见到孙立佳的那一刻，

8. 如果爱，请深爱，若不爱，请离开

别说爱上他了，卢沫心中甚至有一种上当受骗的感觉，但是她知道，自己已经没有任何退路了。

然而，就是这样一个不起眼的丑男人，却让她深切体会到了男女之间真正的爱情。

结婚之后，孙立佳很是宠她，不时给她买些小玩意儿，一个发夹、一支眉笔……有一次，甚至还给她带回了几个杧果。在以往近30年的岁月中，卢沫从来没有用过这些东西，更不用说吃杧果了。

在吃杧果的时候，孙立佳只是傻傻地看着她，自己却不吃。卢沫让他："你也吃。"他却皱眉："我不爱吃那东西，看你喜欢吃我就高兴。"后来，卢沫在街上看到卖杧果的，过去一问才知道，杧果竟要二十几元一斤，她的眼睛瞬间红了起来。

那么香甜可口的东西他怎么可能不爱吃？他是舍不得吃呀、是为了让她多吃一些啊！

爱情不是一次性的物品，用完了就不能再用。那段逝去的感情或许只是宿命中的一段插曲，那个不再爱你的人应该只是宿命中的过客而已。上天对每个人都是公平的，他为你安排了一段不完美的爱情，或许只是为了了结前世的孽缘，而真正爱你的人，一定会在不远处等着你，只要你不放弃。

离开你，应该是他的损失

彩云一直困扰在一段剪不断、理还乱的感情里出不来。

吴清的态度总是若即若离，其人也像神龙一样，见首不见尾。彩云想打电话给他，可是又怕接的人会是他的女朋友，会因此给他造成麻烦。彩云不想失去他，可是老是这样，有时自己也会觉得很无奈，她常常问自己："我真的离不开他吗？""是的，我不能忘记他，即使只做地下的情人也好。只要能看到他，只要他还爱我就好。"她回答自己。

但是该来的还是会来。周一的下午，在咖啡屋里，他们又见面了。吴清把咖啡搅来搅去，一副心事重重的样子。彩云一直很安静地坐在对面看着他，她的眼神很纯净。咖啡早已冰凉，可是谁都没有喝一口。

他抬起头，勉强笑了笑，问："你为什么不说话？"

"我在等你说。"彩云淡淡地说。

"我想说对不起，我们还是分开吧。"他艰涩地说，"你知道，我这次的升职对我来说很重要，而她父亲一直暗示我，只要我们近期结婚，经理的位子就是我的。所以……"

"知道了。"彩云心里也为自己的平静感到吃惊。

他看着她的反应，先是迷惑，接着仿佛恍然大悟了，忙试着安慰说："其实，在我心里，你才是我的最爱。"

8. 如果爱，请深爱，若不爱，请离开

彩云还是淡淡地笑了一下，转身离开。

一个人走在春日的阳光下，空气中到处是春天的味道，有柳树的清香，小草的芬芳。彩云想："世界如此美好，可是我却失恋了。"这时，那一种刺痛突然在心底弥漫。彩云有种想流泪的感觉，她仰起头，不让泪水夺眶。

走累了，彩云坐在街心花园的长椅上。旁边有一对母女，小女孩眼睛大大的，小脸红扑扑的。她们的对话吸引了彩云。

"妈妈，你说友情重要还是半块橡皮重要？"

"当然是友情重要了。"

"那为什么月月为了想要萌萌的半块橡皮，就答应她以后不再和我做好朋友了呢？"

"哦，是这样啊。难怪你最近不高兴。孩子，你应该这样想，如果她是真心和你做朋友就不会为任何东西放弃友谊，如果她会轻易放弃友谊，那这种友情也就没有什么值得珍惜的了。"母亲轻轻地说。

"孩子，知道什么样的花能引来蜜蜂和蝴蝶吗？"

"知道，是很美丽很香的花。"

"对了，人也一样，你只要加强自身的修养，又博学多才。当你像一朵很美的花时，就会吸引到很多人和你做朋友。所以，放弃你是她的损失，不是你的。"

"是啊，为了升职放弃的爱情也没有什么值得留恋。如果我是美丽的花，放弃我是他的损失。"彩云的心情突然开朗起来了。

若是一个人为名利前途而放弃你们之间的感情，你是不是应该感到庆幸呢？很显然，这样的人不值得你去爱。

有些事，有些人，或许只能够作为回忆，永远不能够成为将来！感情的事该放下就放下，你要不停地告诉自己——离开你，是他的损失！

没有自由的爱情终究不会长久

　　一只笼子和一只小鸟相爱了。笼子跟小鸟说:"我是一只笼子,是用来关鸟的那一种……笼子。"鸟儿说它知道。

　　过了一会儿,鸟儿问笼子:"你会关我吗?"

　　"我不会,可是,我却希望你……永远都在我身边……永远都不会离开我。"笼子艰难地回答。

　　鸟儿微笑了,说:"我会的。因为你对我而言,更像一间温暖的房子,而不是一个冰冷的笼子。"不可言喻的幸福充满了笼子的心。

　　于是笼子和小鸟很快乐地生活在一起。早晨鸟儿会去寻一些小虫果腹,再自由自在地在蓝天上纵情飞翔。傍晚回来,便哼唱起悠扬的旋律,点缀每一个美丽的黄昏。夜深了,鸟儿就依在笼中皎洁的月华里甜蜜地睡去。

　　可是,有一天,主人发现了睡在笼子里的小鸟,就锁上了笼子。

　　笼子心想,这样小鸟就可以一直跟它在一起了,可是,小鸟失去了自由。失去了自由,爱情还会存在吗?不会。

　　而鸟儿的爱情,对笼子来说是多么的重要。笼子不愿意看到鸟儿失去自由,更不愿意看到鸟儿伤心,也不愿失去鸟儿对它的爱。

　　它深情地看着睡在自己怀里的鸟儿,含泪说道:"再见了,我的爱,希望来生我们能够再见。"说完,笼子就四散裂开,轻轻地坠落……

8. 如果爱，请深爱，若不爱，请离开

　　自由和爱情并不是相抵触的，它们可以完美地结合在一起。但是，如果一旦失去了自由，爱情恐怕也不会存在。所以，不要因为你觉得自己爱了，就用爱情捆住谁，没有自由的爱情终究不会长久。

如果给不了他幸福，放弃何尝不是一种爱

　　一只孤独的刺猬常常独自来到河边散步。杨柳在微风中轻轻摇曳，柳絮纷纷扬扬地飘洒下来，这时候，年轻的刺猬会停下来，望着水中柳树的倒影，望着水草里自己的影子，默默地出神。一条鱼静静地游过来，游到了刺猬的心中，揉碎了水草里的梦。

　　"为什么你总是那么忧郁呢？"鱼默默地问刺猬。

　　"我忧郁吗？"刺猬轻轻地笑了。

　　鱼温柔地注视着刺猬，默默地抚摸着刺猬的忧伤，轻轻地说："让我来温暖你的心。"

　　上帝啊，鱼和刺猬相爱了！

　　上帝说，你见过鱼和刺猬的爱情吗？

　　刺猬说："我要把身上的刺一根根拔掉，我不想在我们拥抱的时候刺痛你。"

　　鱼说："不要啊，我怎么忍心看你那一滴滴流淌下来的鲜血？那血是从我心上淌出来的。"

　　刺猬说："因为我爱你！爱是不需要理由的。"

　　鱼说："可是，你拔掉了刺就不是你了。我只想要给你以

快乐……"

刺猬说："我宁愿为你一点点撕碎自己……"

刺猬在一点点拔自己身上的刺,每拔一下都是一阵揪心的疼,每一次都疼在鱼的心上。

鱼渴望和刺猬做一次深情的相拥,它一次次地腾越而起,每一次的纵身是为了每一次的梦想,每一次的梦想是每一次跌碎的痛苦。

鱼对上帝说："如何能让我有一双脚?我要走到爱人的身旁。"

上帝说："孩子,请原谅我的无能为力,因为你本来就是没有脚的。"

鱼说："难道我的爱错了?"

上帝说："爱永远没有错。"

鱼说："要如何做才能给我的爱人以幸福?"

上帝说："请转身!"

鱼毅然游走了,在辽阔的水域下,鱼闪闪的鳞片渐渐消失在刺猬的眼睛里。

刺猬说："上帝啊,鱼有眼泪吗?"

上帝说："鱼的眼泪流在水里。"

上帝啊,爱是什么?

上帝说,爱有时候需要学会放弃。

爱一个人就是让她(他)快乐,使她(他)忘记烦恼和忧伤,给她(他)一份温馨,那便是真诚,如果你做不到,莫不如放弃,放弃何尝不是一种宽容?时间能冲淡一切爱的足迹,不必想念,不必彷徨,心中的牵挂任凭飘雪的冬季飞逝吧,只有在爱的道路上经历过痛苦的磨砺,才能在感情世界里渐渐长大。

8. 如果爱，请深爱，若不爱，请离开

既然爱过，就不要彼此折磨

　　她，还很年轻的时候，就已经察觉到老公在外面有了别的女人，当时，她几乎都要崩溃了。令人未曾想到的是，她竟然把这件事强忍了下来，她的理由是，"为了孩子"。为了孩子，她选择自己欺骗自己，就当这件事没有发生过，或者说就当自己没有发现过，继续维持着家庭的生活。但是，她毕竟是个有血有肉的人呀！长期生活在这样不幸的婚姻当中，压力、空虚和心理上的不平衡不断地冲击着她，当心理的承受能力达到极限时，她就会拿无辜的孩子来撒气，再到后来，甚至一想到这些事情，就乱骂、乱打孩子。无辜的孩子，常常就莫名其妙地遭了殃。而且，她还时常当着孩子面，用恶毒的语言讽刺、咒骂、攻击她的丈夫。长期生活在这样的家庭环境下，最后，孩子的精神世界也跟着崩溃了。

　　现在，她上了年纪，孩子也已经长大了。但是，可怜的孩子也变"坏"了，他感觉不到爱，也学不会宽容和爱，他的世界观、价值观、道德观都偏离了正确的轨道，说话和做事的方式非常极端、偏激。家里的亲朋好友也曾尝试和孩子去沟通，可怜的孩子，他给出的答案是："在这样一个没有温暖的家庭，谁管过我的感受？他们两个人三天一小吵，五天一大吵，谁真正用心关心过我？甚至还拿我当出气筒！他们之间出了问题，难道我就必须要受罪吗？他们生我出来，难道就是用来撒气的吗？亲生父母都这样，我对这个世界失望了。我只不过是为了自己而活着。"

看到孩子的状况，她终于清醒过来，认识到并能够真正去面对自己的错误了。可是，在她愿意放下自己心里面的固执，愿意去办离婚手续时，当初那个乖巧懂事的孩子却无论如何也回不来了，他不肯原谅自己的父母。她很想去补救，可是孩子根本不给他们机会，他对他们已经绝望了。可怜的她，在痛苦中生活了这么多年，已近黄昏，幡然醒悟，可是，又是否能够享受到儿孙承欢膝下的天伦之乐呢？

明知道是痛苦的生活模式，却固执地选择坚持，到最后，非但自己痛苦不堪，也间接连累他痛苦异常，不是吗？这是她犯下的最大错误，毁了自己，也毁了自己爱及不爱的人。

所以，当我们认识到，有些事情已经不能勉强、无法挽回的时候，不如问问自己：我干吗不放手呢？很多时候，感情也好，婚姻也好，其他的事情也好，明明知道接下来的坚持，会对自己或是别人都造成一定的伤害，我们还要不要一门心思犟到底呢？是不是就算伤害别人也在所不惜？那么别忘了，你自己也会遍体鳞伤的！生活中的很多事情都是需要放手的，换个方式处理问题，也许真的就海阔天空了呢。

8. 如果爱，请深爱，若不爱，请离开

爱情里，重要的是颗心

一天，一位先生要寄东西，问邮局工作人员有没有盒子卖，邮局工作人员拿纸盒给他看。他摇摇头说："这太软了，不经压；有没有木盒子？"邮局工作人员问："您是要寄贵重物品吧？"他连忙说："是的是的，贵重物品。"邮局工作人员给他换了一个精致的木盒子。他拿过那个盒子，左看右看，似乎是在测试它的舒适度，最后，他满意地朝邮局工作人员点了点头。接下来，他就从衣袋里掏出了所谓的"贵重物品"——居然是一颗红色的、压得扁扁的塑料心！只见他拔下气嘴上的塞子，挤净里面的空气，然后就憋足了气，一下子吹鼓了那颗心。那颗心躺进盒子，大小正合适。

原来这位先生要邮寄的乃是一颗充足了气的塑料心。

工作人员强忍住笑说："其实您大可不必这么隆重地邮寄您的物品。我来给您称一下这颗心的重量，才6.5克。您把气放掉，装进牛皮纸信封里，寄个挂号不就行了吗？"那位先生惊讶地，或者不如说是怜悯地看着邮局工作人员，说："你是真的不懂吗？我和我的恋人天各一方彼此忍受着难挨的相思之苦，她需要我的声音，也需要我的气息。我送给她的礼物是一缕呼吸——一缕从我的胸腔里呼出的呼吸。应该说，我寄的东西根本没有分量，这个6.5克重的塑料心和这个几百克重的木盒子，都不过是我的礼物的包装呀。"

听完这位先生的讲述，邮局工作人员若有所悟。

每一根为爱情砍断的竹竿都有被砍断的神圣理由。而这种理由可能只是一点点微不足道的细节，但仍是如此生动、质朴、清纯，也许只有相爱的人才了解其珍贵。

真正的爱不是占有，而是让对方解脱

她刚从国外回来，与丈夫一块儿回来度假。回家的感觉真的很好，可惜心中总有那么一丝疼痛。事情虽然过去两年了，虽然是一千个一万个不愿意，她还是去找了负心的他。

"在国外习惯吗？""还好。你呢？""哦……也还好。"淡淡的两个个人都不知道怎么开口了。

他是她的前夫，相爱的日子，波澜不惊，却十分温馨。两人是大学的同学，毕业就结婚了，没有特别的成就，无忧无虑。日子一天天地过去，当两个人都以为生活就这样不会有什么改变的时候，一件事情发生了。

他被查出患有绝症，一下子好像什么都改变了。他停止了工作，住院治疗。她一下子变成了家里的顶梁柱，兼了好几份工作，陀螺似的旋转，每天还得去医院照顾他。

就在她拼命赔钱为他治病的时候，医院里却传出了他的"桃色新闻"。他与一位同病相怜的女病人好上了。这怎么可能呢？结婚这么多年，喜欢他的人一直都不少，可他从未做过对不起她的事，现在更是不可能的。

8. 如果爱，请深爱，若不爱，请离开

然而。那个女病人还和自己的丈夫离了婚，而他也向她提出了离婚……事后，她接受了公司的派遣，去了国外分公司工作。

"这是送给你太太的？"她指了指他手上的一束百合。

他点了点头，"她喜欢百合。"脸上流露出幸福的微笑。

她的心突然感到一阵刺痛。那句在心里憋了两年的话就从她嘴里冲了出来："知道当初我为什么同意和你离婚吗？因为那个故事——你住院的时候跟我讲过的：从前有两位母亲争一个孩子，县官让她们抢，孩子被拉得痛哭起来，亲生的母亲心一软，便放弃了……"

他迎着她直视的目光，两个人的眼角都有泪光在闪动……

送走了她，他捧着百合独自去墓地看望另一个女人——那个被她称作他"太太"的、喜欢百合的女人。

两年来，他很少出门。头上的头发也掉光了。"我的日子不多了，我的朋友，今天可能是我最后一次来看你了，谢谢你当初对我讲的那个故事……"他对墓中的女人喃喃自语。

那个故事其实是他进医院后不久，这个女人讲给他听的，当时他们都知道自己患了绝症，女人不想拖累她深爱的丈夫，他不想拖累深爱的妻子。于是，他们决定先放手……

真正的爱不是占有，而是能让对方快乐。在该放手的时候选择放手，也许就是对对方爱的最好诠释。这种糊涂式的包容和奉献，胜过世界上任何东西。

真正能够长久的爱，应该是两情相悦的

在《乱世佳人》中，斯佳丽少女时代就狂热地爱上了近邻的一位青年艾希礼。每当遇到艾希礼，斯佳丽就恨不得把自己全部的热情都倾注在他身上，然而他却浑然不觉。在斯佳丽向艾希礼表达她的爱恋之情时，被另一个青年瑞德发现，从此瑞德对斯佳丽产生了兴趣。艾希礼同他的表妹梅兰结婚了，斯佳丽陷入深深的痛苦之中，然而对艾希礼的爱恋依然丝毫没有减弱。

后来战争爆发了，瑞德干起了运送军民物资的生意，并借此多次接触斯佳丽。他非常欣赏斯佳丽独立、坚强的个性和美丽、高贵的气质，狂热地追求她，引导斯佳丽冲破传统习俗的束缚，激发她灵魂中真实、叛逆的内核，让她开始追求真正的幸福。斯佳丽最终经不起他强烈的爱情攻势，他们结婚了。然而斯佳丽却始终放不下对艾希礼的感情，尽管瑞德十分爱她，她却始终感觉不到幸福，一直不肯对瑞德付出真爱，以致他们的感情生活出现了深深的裂痕。后来，他们最爱的小女儿不幸夭折，瑞德悲痛万分，对斯佳丽的感情也失去信心，最终离开了她。瑞德的离去使斯佳丽最终意识到自己的真爱其实就是他，然而一切悔之晚矣。

斯佳丽被一个并不爱她的男人蒙蔽了发现爱情的双眼，一生都在追求一种虚无缥缈的感觉，追求一种并不存在的所谓的爱情，当真正的爱情一直围绕自己时，她却屡屡忽略。瑞德选择了一个不爱

自己的女人，也因此付出了大量的青春和感情，最终使自己伤痕累累。他们俩的选择都是错误的，因为他们选择了不爱自己的人，致使自己的感情白白付出，酿成了悲剧。

真正完美的、能够长久地给人带来幸福的爱情，应该是两相情愿、两情相悦的，是爱情双方互相认同和吸引的，是双方共同努力营造的。一个巴掌拍不响，单靠一个人的努力，另外一方无所回应，爱情的嫩苗不可能发展壮大，爱情的花朵也不可能结出丰硕的果实。因此，我们在寻找爱情时，一定要找一个既爱自己又被自己深深爱着的人，找一个与自己的道德观念、人生理想、信仰追求相似的人。尽管这样的爱情得来不易，适合自己的伴侣迟迟没有出现，我们也应对真爱抱有坚定而执着的信念，做到"宁缺毋滥"。因为不适合自己的"爱情"不仅不能给自己带来幸福，还会浪费自己的青春和感情，给自己的心灵造成伤害，使我们丧失对真爱的感悟力，使伤痕累累的我们没有信心再去尝试真正的爱情，从而错过人生中的最爱，这难道不是最大的悲剧吗？

能够抓住爱的，决然不会是计谋

天空中大雨倾盆，两个落魄至极的青年蜷缩在一起，他们又冷又饿，几欲昏倒。大街上不时有行人路过，但却一直对他们视而不见。

这时，一位年轻女护士撑着伞走到二人面前，她为他们撑伞挡雨，直至雨停，随后又为他们买来了面包。两个落魄青年深受感动，他们心中同时有一种情愫在滋生，是的，他们竟同时爱上了她。为了得到自己心中的"女神"，两位青年默默地展开了竞争。

第一位青年试探性地问女护士："小姐，冒昧地问一句，你的男朋友是从事什么职业的？"

"呵呵，我还没有男朋友呢。"

"那你希望未来的男朋友是做什么的呢？"

护士想了想，说道："他……最好是位医师吧。"

另一位青年深情款款地向女护士表白："小姐，我爱你！"

"哦，真对不起，我不会爱上一个不讲卫生的人。"

翌日，第二位青年洗漱干净，将自己打扮得焕然一新，又来到女护士身边："小姐，我爱你！"

"对不起，我不会爱上身无分文的人。"

数日之后，这位青年异常兴奋地跑去对女护士说："你知道吗？我买彩票中了大奖，有1000万奖金，现在你可以接受我的爱情了吧？"

没想到女护士再次否决了他："对不起，或许我只会爱上一位医生，但你还不是医生。"

数年以后，该青年再度出现在女护士面前，而他此时的身份竟是"医师"。

"亲爱的，我想你现在可以答应我的求婚了。"

"很抱歉，可我已经嫁人了。"说完，女护士挽着她的丈夫走进医院。这位青年仔细一看，险些昏倒在地。原来，女护士的丈夫竟是当年与他蜷缩在一起的另一位青年！现在，他是这家医院的院长，也是全市赫赫有名的外科医师。

这位青年很是不服，跑去质问第一位青年："你到底耍了什么手段？给她灌了什么迷药？"

8. 如果爱，请深爱，若不爱，请离开

"我用的是心！我的心始终朝着一个方向——做一名优秀的医生，赢得她的爱慕；而你用的是计谋，你过于急功近利，心中只有贪婪！"

爱情需要我们用心去捕获，爱人需要我们用心去征服，能够抓住爱的，决然不会是计谋。幸福总是眷顾"有心的人"，当然，人生中的其他竞争亦是如此。

相爱的时候请珍惜，不要在失去以后才追悔莫及

有个男孩种了一株玫瑰，放在向阳的窗台上，那是他和一个女孩一起去买的种子和花盆。男孩总是对女孩说："你在我的心中永远是最美好的，我要种出最美的玫瑰花送给你。"女孩总是微笑地看着他，看他用专注的神情替玫瑰浇水施肥，看他用期待的眼神注视着眼前的盆栽。每当此时，女孩总会想起，当她与他第一次相见时，男孩正是用这样的神情注视着她。在男孩的精心灌溉培育之下，玫瑰也长出了芽，生出了枝叶……

然而，事情并没有朝着我们想象的方向发展，男孩迷上了喝酒、上网，常和一群朋友玩在一块，几天不找女孩是常有的事。女孩越来越难找到他。女孩很担心他。

每次男孩回到家，总是会先去看看窗台上的玫瑰，看到玫瑰垂头丧气、病怏怏的，他总是心疼地责怪自己的疏忽，赶紧为它浇水施肥，日夜守护着它，希望玫瑰早日开出美丽的花朵……一天，他

惊喜地看到玫瑰长出第一个花苞，高兴地打电话给女孩。等了很久电话的女孩，开心地听他用兴奋的语气说着："很快我就可以送你一束我亲手种的玫瑰了！"

男孩依然成日成夜地去玩，在家的时间越来越少。一天，当他回到家，低垂的玫瑰知道主人回来了，微微地抬起头。可是男孩太累了，倒在床上就进入了梦乡，第二天又匆忙出门去了。许久未见到男孩的女孩，终于来到男孩的家，她看到干枯的玫瑰却仍残留着一片花瓣，似乎不放弃地在等着她。也许玫瑰也知道它的主人曾经那样用爱去灌溉它，就是为了让女孩能看到美丽的玫瑰绽放。

女孩看着奄奄一息的玫瑰，再看看镜中憔悴的自己，不禁滴下了一滴眼泪，而残存的最后一片花瓣也在此时落下。

回到家的男孩着急地奔向窗台，却看到原本放置玫瑰的地方放着一盆仙人掌，还有一张字条。上面是女孩秀丽的笔迹：我走了！送你一株仙人掌，它不用时时浇水与照顾。但我希望你明白，不管多耐旱的植物，也会有枯死的一天。

男孩终于醒悟，他一直把女孩温柔的等待视为理所当然，却忘了她毕竟不是一株仙人掌。而此时他才意识到女孩是他心中永远的玫瑰花。

人往往是在失去以后才知道珍贵，愿我们好好把握、珍惜眼前的一切，不仅仅是在爱情方面，亲情或友情亦是如此。

8. 如果爱，请深爱，若不爱，请离开

爱，便是看似平凡的生活中所孕育出的一种伟大

　　老人爱吃鱼头，这在亲朋好友中是众所周知的事情，所以每逢家中吃鱼，子孙后辈总是先将鱼头夹到她的碗中。朋友聚餐，那帮老哥哥、老姐姐们也必然将鱼头让给她吃，只是在朋友面前她显得比较客气，常常婉拒大家的好意。

　　后来，老人病了，眼看时日无多，几位老哥哥、老姐姐前去医院探望她，还特意为她烹制了一锅红烧鱼头。此时，她已然无法下咽，弥留之际，却道出了一个被自己隐瞒数十年的秘密。

　　"谢谢你们的心意，还特意为我做了红烧鱼头。眼看我就要走了，也就不瞒你们了。鱼头虽然好吃，而我也吃了大半辈子，但说实话，我从来没有真正爱吃过。那时，家里条件不好，丈夫和孩子都爱吃鱼肉，我要是吃，他们吃得就少了；我不吃，他们又过意不去，所以只好骗他们说爱吃鱼头。我这一辈子，爱吃的还是鱼身上的肉，何曾真的爱吃过鱼头啊！"

　　当有人说自己"爱吃鱼头"时，你会不会去揣测：他是"爱吃鱼头"，还是"为了谁爱吃鱼头"呢？

　　谁都知道鱼肉要比鱼头好吃，而且营养也更为丰富，但是面对正在成长的孩子，面对日益劳作的丈夫，她本能地将最好的东西留给了他们。人常说，大爱无言。是的，老人虽从不曾说什么，但她给予了子女、丈夫，最真挚的爱，这份爱值得我们一生去品味……

爱，便是看似平凡的生活中所孕育出的一种伟大，至情之人，常常会为了爱而舍下自我！

若能像经营事业一样经营爱情，婚姻就不会变成一汪死水

妻子诞下麟儿以后，原本的甜蜜便日渐淡化，他们白天要工作，晚上又要照顾孩子，忙得不可开交，渐渐地，话越来越少。

敏感是女人的天性，她首先意识到了二人间潜伏的危机，于是，她对丈夫撒娇："我有一个要求。"

"要求？是什么呢？"丈夫有些好奇。

"每天抱我一分钟。"

丈夫看了她一眼，坏笑："老夫老妻，有这必要吗？"

"我既然提出这个要求，就证明它是有必要的；你做出这样的回答，就证明它更有必要。"

"情在心中，何必露骨地表达呢？"

"假若当初你不表达，会娶到我吗？"

"怎能相提并论？当初是当初，现在我们不是爱得更深沉了吗？"

"不表达未必就是深沉，表达未必就是做作。"

二人互不相让，不久便吵了起来。最后，为了平息这场"战争"，男人首先做出妥协。他走到床边，将妻子抱在怀中，笑道：

8. 如果爱，请深爱，若不爱，请离开

"你这个虚荣的女人。"

"在爱情面前，每个女人都是很虚荣的。"她说。

此后，无论多忙，他每天都会抱她一分钟。慢慢地，二人的关系发出了新芽，他们心中弥漫着一种新的和谐。即使常常相拥无语，但此时的沉默与彼时的沉默，在情境与意味上，显然有着天壤之别。

那一日，女人要去南方出差，临上飞机时，她对他说："这段时间，你可以解脱了。"

他赧然一笑，露出大男孩的神情："我会想你的。"

果然，她刚刚走出机场，就接到了丈夫的电话，一瞬间，她心中荡起了阵阵暖流……

人们常常以"平淡是真"来掩饰激情过后的麻木与冷淡，却不知道，倘若我们能像经营事业一样去经营爱情，婚姻就不会沉寂得如一汪死水。

纵使工作再忙、生活再琐碎，也要暂时将其放下，每天给爱人一分钟的拥抱，定然会别有一番滋味上心头。

不要辜负那个愿意陪你一起走回家的人

某天，白云酒楼来了两位客人，一男一女，穿着不俗，看样子是一对夫妻。

服务员笑吟吟地送上菜单。男人接过菜单直接递女人，说："你点吧，想吃什么点什么。"女人看也不看一眼，抬头对服务员说：

"给我们来碗馄饨就行。"

服务员一怔，这种高档酒楼里哪有馄饨卖啊。旁边的男人发话了："吃什么馄饨，又不是没钱？"

女人摇头："我就要吃馄饨！"男人愣了愣，看到服务员惊讶的目光，难为情地说："好吧。请给我们来两碗馄饨。"

"不！"女人赶紧补充道，"只要一碗！"男人又一怔："一碗怎么吃？"

女人看着男人皱起了眉头，说："不是说好一路都听我的吗？"

过了一会儿，服务员捧回一碗热气腾腾的馄饨，看到馄饨，女人的眼睛都亮了，她把脸凑到碗面上，深深地吸了一口气，好像舍不得吃，半天也不见送到嘴里。男人扭头看看四周，有些尴尬，一把拿过菜单："我饿了一天了，要补补。"接着，一气点了几个名贵的菜。

女人不紧不慢，等男人点完菜。才淡淡地对服务员说："你最好先问问他有没有钱，当心他吃霸王餐。"

没等服务员反应过来，男人就气红了脸："我会吃霸王餐？我会没钱？"他边说边往怀里摸去，突然"咦"了一声："我的钱包呢？"

女人冷冷说了句："别找了，你的手表，还有我的戒指，咱们这次带出来所有值钱的东西，我都扔河里了。我身上还有五块钱，只够买这碗馄饨了！"

男人的脸刷地白了，一屁股坐下来，愤怒地瞪着女人："你真是疯了，你真是疯了！咱们身上没有钱，那么远的路怎么回去啊？"

女人却一脸平静："急什么？再怎么着，我们还有两条腿，走着走着就到家了。20年前，咱们身上一分钱也没有，不照样回家了吗？那时候的天比现在还冷呢！"

男人不由得瞪直了眼："你说什么？"女人问："你真的不记得了？"男人茫然地摇摇头。

232

8. 如果爱，请深爱，若不爱，请离开

女人叹了口气："看来，这些年身上有了几个钱，你真的把什么都忘了。20年前，咱们第一次出远门做生意，没想到被人骗了个精光，连回家的路费都没了。经过这里的时候，你要了一碗馄饨给我吃，我知道，那时候你身上就剩下五毛钱了……"

男人听到这里，身子一震："这，这里……"女人说："对，就是这里，我永远也不会忘记的，那时它还是一间又小又破的馄饨店。"

男人默默低下头，女人转头对在一旁发愣的服务员道："姑娘，请给我再拿只空碗来。"

服务员很快拿来了一只空碗，女人捧起面前的馄饨，拨了一大半到空碗里，轻轻推到男人面前："吃吧，吃完了我们一块走回家！"

男人盯着面前的半碗馄饨，很久才说了句："我不饿。"女人眼里闪动着泪光，喃喃自语："20年前，你也是这么说的！"说完，她盯着碗没有动汤匙，就这样静静地坐着。

男人问："你怎么还不吃？"女人又哽咽了："20年前，你也是这么问我的。我记得我当时回答你，要吃就一块吃，要不吃就都不吃，现在，还是这句话！"

男人默默无语，伸手拿起了汤匙。不知什么原因，拿着汤匙的手抖得厉害，舀了几次，馄饨都掉下来。最后，他终于将一个馄饨送到了嘴里，当他舀第二个馄饨的时候，眼泪突然忍不住直往下掉。

女人见状，脸上露出笑容，也拿起汤匙。馄饨一进嘴，眼泪同时滴进了碗里。这对夫妻就这样和着眼泪把一碗馄饨分吃完了。

放下汤匙，男人抬头轻声问女人："饱了吗？"

女人摇了摇头。男人很着急，突然好像想起了什么，弯腰脱下一只鞋，拉出鞋垫，居然摸出了5块钱。他怔了怔，不敢相信地瞪着手里的钱。

女人微笑说道："20年前，你骗我说只有5毛钱了，只能买一碗馄饨，其实你还有5毛钱，就藏在鞋里。我知道，你是想等我饿了的时候再拿出来。后来你被逼吃了一半馄饨，知道我一定不饱，就把钱拿出来再买了一碗！"顿了顿，她又说道，"还好你记得自己做过的事，这5块钱，我没白藏！"

男人把钱递给服务员："给我们再来一碗馄饨。"服务员没有接钱，快步跑开了，不一会儿，捧回来满满一大碗馄饨。

男人往女人碗里倒了一大半："吃吧，趁热！"

女人没有动，说："吃完了，咱们就得走回家了，你可别怪我，我只是想在分手前再和你一起饿一回、苦一回！"

男人一声不吭，大口吞咽着，连汤带水，吃得干干净净。他放下碗催促女人道："快吃吧，吃好了我们走回家！"

女人说："你放心，我说话算话，回去就签字，钱我一分不要，你和哪个女人好，娶个十个八个，我也不会管你了……"

男人猛地大喊起来："回去我就把那张离婚协议书烧了，还不行吗？"说完，他居然号啕大哭，"我错了，还不行吗？"

你可以有非分之想，但最好不要把它变成事实。携手与共多少年，纵然爱情淡了，但亲情更浓，你真的忍心伤害曾经与你同甘共苦的那个人？你真舍得把共同铸造的幸福亲手毁掉？诱惑面前，想想你们之间的故事，最爱你的也许不是极尽讨好你的人，而是愿意陪你一起走回家的人。

8. 如果爱，请深爱，若不爱，请离开

冲动之前，最好算一算你的离婚账单

他和她结婚整整10年，没了当初的甜蜜与情趣，他越来越觉得对她几乎就是一种义务，他开始厌烦她。

近来，公司新来了一个年轻女孩，对他发起疯狂攻势，他恍惚觉得自己迎来了第二春。他决定和她离婚，她似乎也已经麻木，很平静地答应了他，两个人一起走进了民政部门。

手续办得很顺利，出门后，不知为什么，他心里突然有种空落落的感觉，他看了看她："一起去吃点饭吧。"

她看了看他："好吧，听说新开了一家'离婚酒店'，专为离婚夫妻的服务，要不咱们到那儿看看吧。"

他点了点头，两人默默走进了"离婚酒店"。

"先生女士好。"二人在包间刚坐下，服务员便走了进来，"请问两位想吃点儿什么？"

他看了看她："你点吧。"

她摇了摇头："我不常出来，不太清楚这些，还是你点吧。"

"对不起先生女士，我们酒店有个规矩，这顿饭必须要由女士为先生点他平时最爱吃的菜，由先生为女士点她平时最爱吃的菜，这叫'最后的记忆'"

"那好吧，"她理了理头发，"糖醋鱼、红烧排骨、拌笋丝，记住，都不要放葱姜蒜，我爱人……这位先生他不吃这些。"

"先生呢？"服务员看了看他。

他愣住了，结婚10年，他真的不知道她爱吃什么。他张着嘴，尴尬地愣在了那儿。

"就这些吧，其实这是我们两个人都爱吃的。"她连忙为他解围。

服务员点完菜退了下去。包房里静悄悄的，两个人相对而坐，一时竟不知道该说什么好。

"笃……笃……笃！"轻轻一阵敲门声，服务员走了进来，托盘里托着一枝鲜艳的红玫瑰："先生，还记得您第一次给这位女士送花的情景吗？现在一切都结束了，夫妻不成就当朋友，朋友要好聚好散，最后为女士送朵玫瑰吧。"

她浑身一抖，眼前又浮现出了10年前他送花给她的情形。那时，他们刚刚来到举目无亲的省城，一切从零开始。白天，他努力拼搏；晚上，为了增加收入，她去晚市出小摊，他去给人家刷盘子。很晚很晚，他们才一起回到租住在地下室里那不足10平方米的小屋。日子很苦，可是很幸福。到省城的第一个情人节，他为自己买了第一朵红玫瑰，她幸福得流下了眼泪。10年了，一切都好起来了，但可以一起吃苦，却无法一起享福。想着想着，她泪水盈眶，别过头摆了摆手："不用了。"

他也想起了过去的10年，这才记起，自己已经很久没给她买过一枝玫瑰了。他也摆了摆手："不，要买。"

服务员却拿起玫瑰，"刷刷"折成了两半，分别扔进了两个人的饮料杯中，玫瑰竟然溶解在了饮料里。

"这是我们酒店特意用糯米制作的红玫瑰，也是送给你们的第三道菜，名叫'映景的美丽'。先生女士慢用，有什么需要直接叫我。"服务员说完，转身走了出去。

突然，灯熄了，整个包房一片黑暗，外面警铃大作，一股烟味儿直冲鼻子。

8. 如果爱，请深爱，若不爱，请离开

"起火了，大家马上从安全通道逃生！快！"外面，有人声嘶力竭地喊了起来。

"老公！"她一下扑进了他的怀里，"我怕！"

"别怕！"他紧紧搂住她，"有我呢。走，往外冲！"

包房外面灯光通明，秩序井然，什么都没有发生。

服务员走了过来："对不起，先生女士，让两位受惊了。酒店并没有失火，烟味儿也是特意往包房里放的一点点，这是我们的第四道菜，名叫'内心的选择'。请回包房。"

他和她回到了包房，灯光依旧。他一把拉住她："亲爱的，刚才那才是你我内心真正的选择。其实，我们谁都离不开谁，明天咱们复婚吧？"

她咬了咬嘴唇："你愿意吗？"

"我愿意，我现在什么都明白了，明天一早咱就去复婚。小姐，埋单。"他说着喊了起来。

服务员走了进来，递给两人一人一张精致的红色清单："先生女士好，这是两位的账单，也是本酒店的最后一道赠品，名叫'永远的账单'，请两位永远保存吧。"

他看着账单，眼泪淌了下来。

"你怎么了？"她连忙问道。

他把账单递给了她："亲爱的，我错了，我对不起你。"

她打开账单一看，只见上面写着：一个温暖的家；两只操劳的手；三更不熄等您归家的灯；四季注意身体的叮嘱；无微不至的关怀；六旬婆母的微笑；起早贪黑对孩子的照顾；八方维护您的威信；九下厨房为了您爱吃的一道菜；十年为您逝去的青春……这就是您的妻子。

"老公，你辛苦了，这些年也是我冷漠了你。"她也把自己的那份账单递给了他。他打开账单，只见上面写着：一个男人的责任；

两肩挑起的重担；三更半夜的劳累；四处奔波的匆忙；无法倾诉的委屈；留在脸上的沧桑；七姑八姨的义务；八上八下的波折；九优一疵的凡人；时时对家对子的真情……这就是您的丈夫。

两个人抱在一起，放声痛哭。

如果你在婚姻中迷失了方向，那么想一想你的"离婚账单"，它是一种祝福，也是一种告诫，告诫那些拿婚姻不当回事的人们：离婚是要付出代价的！在离婚之前，请做一下最后的慎重考虑，或许就能避免很多幸福的流失、悲剧的发生。

真爱不需要太多伪装

雍容华贵、仪态万千的公主爱上了一个小伙，很快，他们踩着玫瑰花铺就的红地毯步入了婚姻殿堂。故事从公主继承王位成为女王说起。

随着岁月的流逝，女王渐渐感到自己衰老了，花容月貌慢慢褪却，不得不靠一层又一层的化妆品换回昔日的风采。"不，女王的尊严和威仪绝不能因为相貌的萎靡而减损丝毫！"女王在心中给自己下达了圣旨，同时她也对所有的臣民，包括自己的丈夫下达了近乎苛刻的规定：不准在女王没化妆的时候偷看女王的容颜。

那是一个非常迷人的清晨，柳绿花红，女王的丈夫早早起床在皇家园林中散步。忽然，随着几声悦耳的啁啾鸟鸣，女王的丈夫发现树端一窝小鸟出世了。多么可爱的小鸟啊！他再也抑制不住内心

8. 如果爱，请深爱，若不爱，请离开

的喜悦，飞跑进宫，一下子推开了女王的房门。女王刚刚起床，还没来得及洗漱，她猛然一惊，仓促间回过一张毫无粉饰的白脸。

结局不言而喻，即使是万众敬仰的女王的丈夫，犯下了禁律，也必须与庶民同罪——偷看女王的真颜只有死路一条。

女王的心中充满了悲哀，她不忍心丈夫因为一时的鲁莽和疏忽而惨遭杀害，但她又绝不能容忍世界上任何一个人知道她不可告人的秘密。斩首的那一天，女王泪水涟涟地去探望丈夫，这些天以来，女王一直渴望知道一件事，错过今日，也就永远揭不开谜底了。终于，女王问道："没有化妆的我，一定又老又丑吧？"

女王的丈夫深情地望着她说："相爱这么多年，我一直企盼着你能够洗却铅华，甚至摘下皇冠，让我们的灵魂赤诚相融。现在，我终于看到了一个真实的妻子，终于可以以一个丈夫的胸怀爱她的一切美好和一切缺陷。在我的心中，我的妻子永远是美丽的，我是一个多么幸福的丈夫啊！"

故事最后的结局呢？显然已不重要！它让我们知道，真正的爱情可以穿越外表的浮华，直达心灵深处。然而，喜爱猜忌的人们却在人与人之间设立了太多屏障，乃至于亲人、爱人之间也不能坦然相对。除去外表的浮华，卸去心灵的伪装，才可以实现真正的人与人的融合。

当一生的浮华都化作云烟，一世的恩怨都随风飘散，若能依旧两手相牵，又何惧姿容褪尽、鬓染白霜……

放弃不必要的坚持

　　他们同在外地打工，是同乡又是恋人。他相貌英俊，一表人才；她眉清目秀，温婉动人；他很疼她，她要加班，他总是在楼下等着送她回家，风雨不误；她也很疼他，她知道他想攒钱办婚礼，不舍得吃荤菜，所以每日都将自己的工作餐匀出一半，下班后带回去送给他。

　　那天，他们吵架了，其实只是很小的一件事，看起来有点可笑。后来，他想通了，主动来找她道歉。可是，一下、两下、三下……他足足敲了9下门，门内却依然没有任何动静。他知道她就在房内，"或许她不打算原谅我了吧！"他想了想，转身离去，从此再没有来过……

　　后来，他们天各一方，彼此都有了家，然而婚姻却又都不美满。这时，他们不约而同地怀念起了当年的那段感情。

　　两鬓斑白之时，一个偶然的机会，他们相遇了。

　　他问她："那晚我来道歉，一直敲门，你为什么就是不开呢？"

　　她说："其实我一直在门后等你。"

　　"等我？"他不明白她的意思。

　　"等你敲第10下门，我告诉自己，只要你敲到第10下，就去开门——可你只敲了9下。"

　　一切已然明了，二人都为此后悔不已。她后悔自己的固执，自

8. 如果爱，请深爱，若不爱，请离开

己为何不在他敲第 9 下时将门打开呢？为何不在他转身离去时叫住他呢？其实他已经给足了自己面子，可自己为何偏偏固执于那第 10 下呢？

他心中充满遗憾——原来她只是等自己再敲一下门！已经敲了 9 下，为何不多敲一下呢？只要多敲一下……

人生之中有很多错误，恰恰是因为坚持了不该坚持的，却放弃了不该放弃的。人，还是不要太任性的好，尤其是在爱情里，你的任性可能会让他觉得可爱，也可能会让他大失所望。奉劝"痴男怨女"们一句——倘若你想让门外之人走进自己的世界，就不要再等那最后一下，及时将门打开吧！倘若你确信门内之人值得你去追求，就一直敲下去！直到她将门打开或是永久关闭为止。

让婚姻充满韧性

在加拿大魁北克山麓，有一条南北走向的山谷，山谷没有什么特别之处，却有一个独特的景观：西坡长满了松柏、女贞等大大小小的树，东坡却如精心遴选过了一般——只有雪松。这一奇异景观曾经吸引不少人前去探究其中的奥秘，但却一直无人能够揭开谜底。

1983 年冬，一对婚姻濒临破裂而又不乏浪漫习性的加拿大夫妇，准备作一次长途旅行，以期重新找回昔日的爱情。两人约定：如果这次旅行能让他们找到原来的感觉就继续生活，否则就分手。当他们来到那个山谷的时候，正巧下起了大雪。他们只好躲在帐篷里，看着漫天的大雪飞舞。不经意间，他们发现由于特殊的风向，东坡的雪总比西坡的雪下得大而密。不一会儿，雪松上就落了厚厚的一层雪。然而，每当雪落到一定程度时，雪松那富有弹性的枝丫就会向下弯曲，使雪滑落下来。就这样，反复地积雪，反复地弯曲，反复地滑落，无论雪下得多大，雪松始终完好无损。而西坡的雪下得很小，那些松柏、女贞等树上都落满了雪，可是并不多，所以也没有受到损害。

　　看到这种情景，妻子若有所悟，对丈夫说："东坡肯定也长过其他的树，只不过由于没有弹性，而被大雪压折了。"丈夫点点了头，两人似乎同时恍然大悟，旋即忘情地紧拥热吻起来。丈夫兴奋地说："我想我们可以重新在一起生活了——以前总觉得彼此给予的压力太多，觉得太累太烦，可是事实上我们是能够承受的；即使承受不了，也可以像雪松一样弯曲，这样生活就轻松多了。"

　　烦琐的家事、日益增加的家庭开销，很大程度上会影响夫妻双方的心情。婚前的种种憧憬与婚后的现实生活相去甚远，爱情在承受着从浪漫到现实的考验，久而久之，必然会令夫妻双方感到疲惫。一段婚姻的破裂，对于女人而言是难以抹去的痛苦，对于男人而言则很可能是一种耻辱。如果你不能让曾经深爱的她（他）幸福地度过这一生，你无疑就是个失败者。其实保持婚姻的完整并不难，只要多一些宽容、多一些理解，你就可以用宽广的胸怀维持婚姻的美满。

8. 如果爱，请深爱，若不爱，请离开

给予对方说话的权利

　　很久以前，有一座风景秀美的名山，泉水清澈，果木茂盛。一对鸠鸟在大树的顶端营巢而居，日子过得还算清闲。

　　在太平的生活里，雄鸠努力采集鲜美的果子，衔回巢内，小两口的爱巢终于积存了满满的果实。居安思危的雄鸠告诉妻子："家中储藏的果实先不要用，现在外面还找得到其他足以维生的食物，可以填饱肚子。天有不测风云，万一遇到风雨，饮食难得，靠储蓄的果子才能维生。"贤淑的妻子连声应好，满意夫婿的勤劳、顾家。

　　日子一天天过去，巢中鲜美的果子经历风吹日晒，逐渐脱水变干，原来满满一巢的量，因而缩减许多。不明原因的雄鸠怪罪妻子："我老早就交代说，这些果子不能够吃，你怎么就是不听话呢？"

　　"我没有！"妻子辩驳。

　　"之前，果子堆了满满一巢，现在少了这么多，没有吃？那都哪里去了？"先生不相信地骂道。

　　"我也不知道为什么少了？"妻子继续为自己争辩。它们争吵不休，闹得不可开交，突然，雄鸠一怒之下，用嘴啄向雌鸠的头部，雌鸠竟然因此而丧命！

　　孤单的雄鸠，独自难过地守在巢边，忽然天降大雨，干燥的果子吸水后又盈满巢中。雄鸠心想："果子又满巢了，分明不是它吃掉的。"他对着妻子忏悔："可爱的妻子，你快快活过来吧，巢中的果

243

子真的不是你吃的，我早该相信你，一切都是我的错，妻子，你饶恕我吧，一切都是我的过错……"

然而，一切已经来不及了……

一个不允许不同声音出现的人，会变得越来越自我，同时也加大了其与人正常交往的难度。在家庭中，当我们要张口批评对方之时，请多多想想自己有没有错，同时一定要给予对方说话的权利。